PPT之美

迅速提高PPT设计能力的
100个关键技能

凤凰高新教育◎编著

北京大学出版社

PEKING UNIVERSITY PRESS

内 容 提 要

本书介绍了有助于迅速提高PPT设计能力的100个关键技能，这些技能既包括软件操作，也包括设计思维和素材应用，以及行业PPT设计实战，皆是真实工作场景中PPT使用经验的总结，帮助读者运用PPT解决工作中的各种实际问题。

本书内容着眼于实际工作，既适合PPT软件初学者，也适合工作中经常使用PPT、渴望提升PPT设计能力的读者学习和参考，同时也可作为广大院校、各类培训班的教材与参考用书。

图书在版编目(CIP)数据

PPT之美：迅速提高PPT设计能力的100个关键技能 /凤凰高新教育编著. — 北京：北京大学出版社，2022.5
ISBN 978-7-301-32971-9

Ⅰ.①P… Ⅱ.①凤… Ⅲ.①图形软件 Ⅳ.①TP391.412

中国版本图书馆CIP数据核字(2022)第049431号

书　　　名	PPT之美：迅速提高PPT设计能力的100个关键技能
	PPT zhi mei: xunsu tigao PPT sheji nengli de 100 ge guanjian jineng
著作责任者	凤凰高新教育　编著
责 任 编 辑	王继伟　杨 爽
标 准 书 号	ISBN 978-7-301-32971-9
出 版 发 行	北京大学出版社
地　　　址	北京市海淀区成府路205 号　100871
网　　　址	http://www.pup.cn　　新浪微博：@ 北京大学出版社
电 子 信 箱	pup7@ pup.cn
电　　　话	邮购部 010-62752015　发行部 010-62750672　编辑部 010-62570390
印 刷 者	北京宏伟双华印刷有限公司
经 销 者	新华书店
	730毫米×980毫米　16 开本　15.5 印张　377 千字
	2022年5月第1版　2022年5月第1次印刷
印　　　数	1-4000册
定　　　价	79.00 元

PPT / 掌握关键技能，
让PPT制作更简单

随着版本不断升级，PowerPoint 的功能越来越强大，其设计能力在某些层面上甚至可以媲美 Photoshop、Illustrator、CorelDRAW 等专业软件。但作为一款基础办公软件，PowerPoint 的本质仍然是一款简单、高效的办公演讲辅助工具而非专业设计软件，使用者要学会用最少的时间和精力使制作出的演示文稿具有更好的视觉呈现效果。市面上很多 PPT 制作参考书都过于重视对视觉设计或动画效果的研究，提供了很多操作复杂但在实际工作中使用率不高、对内容呈现的改善意义不大的技巧，背离了 PowerPoint 的使用初衷。

本书不刻意展示软件本身的极限能力，而是从各行业普通读者学习、制作 PPT 过程中的真实"痛点"出发，着眼于演讲、调研报告、方案提报、视觉展示、答辩等具体场景的应用需求，系统地介绍关键性的实操技巧，既给出方法，也给出思路，提升读者的 PPT 制作与设计能力。

本书特色

关键技能，好学好用
纯干货分享，直击 PPT 设计难点。本书结构简单，语言凝炼，既可逐条学习，又可查询释疑，新手可快速入门，熟手可参阅精进。

深入探究，启发思维
既给出方法，又给出思路，对各应用场景下的实操问题进行深入剖析，由表及里，不仅知其然，还能知其所以然，让学习者真正懂设计。

直面工作，实用性强
不纸上谈兵，不故作高深，丰富的案例皆源自各行业实际工作，够真实、够具体、够深入，即学即受益。

紧跟趋势，设计精美
基于新时代的审美趋势编写，设计思维先进，案例精美时尚，全彩印刷，值得拥有。

读者对象

- 以 PPT 为看家本领，需要时常更新自己技能的职场精英。
- 讲课风趣，课件也想做得惊艳的人民教师。
- 爱学习也爱表达，有追求、敢行动的在校学生。
- 才华横溢、事必躬亲的好老板、好领导。
- 没事儿爱琢磨的办公软件爱好者。

配套资源

- 100 个商务办公 PPT 模板
- 如何学好、用好 PPT 视频教程
- 5 分钟学会番茄工作法（精华版）
- 10 招精通超级时间整理术视频教程
- 《高效人士效率倍增手册》电子书
- PPT 完全自学视频教程

温馨提示：以上资源，请用微信扫描下方二维码关注公众号，输入 77 页资源提取码，可获取下载地址及密码。

本书由凤凰高新教育策划，由策划师、培训师、PPT 教育专家李状训老师编写。由于计算机软件技术发展迅速，书中难免存在不足之处，欢迎广大读者及专家批评指正。

读者信箱：2751801073@qq.com

目录

第6章 ▶ **PPT媒体与动画应用的11个关键技能**

第一篇

专项内训关键技能

1

PPT设计与路演思维提升的9个关键技能

1.1 PPT 设计思维提升

　　想要系统地学习 PPT，让自己的 PPT 创作水平真正得到提升，首先要提高对 PPT 的认识，突破新手常见的一些认知局限，并适当掌握 PPT 内容创作的有关技巧，为后续的学习奠定良好基础。

关键技能001 分清三种不同类型的 PPT，这是做好 PPT 的前提

　　PPT 大致可分为三种类型：报告类 PPT、展示类 PPT、路演类 PPT。制作 PPT 之前，须明确自己要做的是哪类 PPT，才有可能制作出好的 PPT 作品。下面就分别来说说这三种类型 PPT 的特点。

1 报告类 PPT

　　报告类 PPT 是当作阅读材料来制作的一种 PPT，其页面上有详细的文字内容、数据图表、示意图等，通常会打印出来或转换为 PDF 文件分享，观众可自行翻阅。如图 1-1 所示，腾讯广告《下一代中国新能源汽车消费者洞察研究报告》就是一份报告类 PPT。

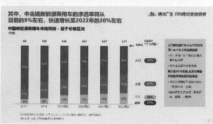

图 1-1

　　制作报告类 PPT 一般不需要考虑屏幕效果，一个页面内可采用较小的字号放置更大篇幅的文字内容；幻灯片的数量没有很大限制，无须像路演类 PPT 一样考虑演示时长；作为静态阅读材料，报告类 PPT 无须添加

动画效果。

2 路演类 PPT

路演时使用的 PPT，如图 1-2 所示。

这类 PPT 主要用于辅助演讲，在屏幕上呈现部分演讲内容，供现场观众观看，提高沟通效率。路演的重点是演讲人的讲述，路演类 PPT 的辅助性大于阅读性，因此，相较于报告类 PPT，路演类 PPT 一张幻灯片上的内容应当尽量简洁，页面数量不宜过多，忌长篇大论、事无巨细；还要避免文字字号过小，要确保演讲时观众能够看得清楚。

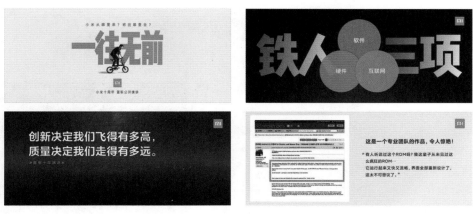

图 1-2

3 展示类 PPT

纯展示用途的 PPT，如图 1-3 所示。

这类 PPT 通常用于在展台、展示屏自动播放，由观众自行浏览。展示类 PPT 根据实际需要，内容可多也可少，更注重视觉表现力，对平面设计和动画制作的要求更高。

在实际工作场景中，报告类、路演类和展示类 PPT 有时也不一定有明显的界线。比如报告类 PPT 可能在路演中使用，一份路演 PPT 打印出来也可以作为会议材料。如果你的 PPT 要满足多方面的需求，则需要在制作过程中尽可能地兼顾、平衡。

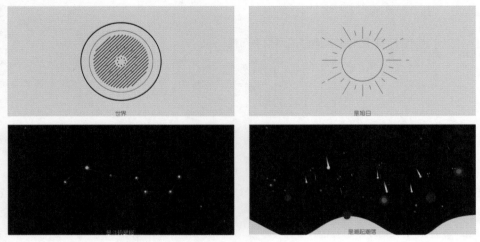

图 1-3

关键技能 002 　制作 PPT 的四重境界，你要做到哪一重？

时下很多人学习 PPT 时存在着这样一种现象：随着学习的不断深入，自我要求不断提高，从而处处追求"高级"，导致实际工作中制作出的 PPT 作品质量虽然得到了一定提升，但工作效率大幅下降。这种现象反映了部分 PPT 学习者学习时的一个误区——追求 PPT 效果可以不计时间和精力成本。对自己所热爱的知识技能，坚持高标准、严要求固然没错，但平衡好自己的时间和精力，其实更利于创作出好的 PPT 作品。

如果以制作 PPT 所需要投入的时间和精力为变量，建立一个与 PPT 作品质量正相关的函数，可以划分出 PPT 制作的四重境界，如图 1-4 所示。

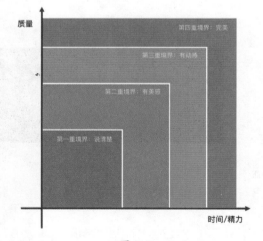

图 1-4

第一重境界：说清楚。在时间较为紧张的情况下，将主要精力放在 PPT 内容创作上，满足演讲者讲得清楚、观众看得明白这一基本需求。

第二重境界：有美感。时间和精力稍多时，可在第一重境界的基础上，对 PPT 进行排版设计，使之具有更好的视觉效果。

第三重境界：有动感。时间和精力更多时，可在第二重境界的基础上，为 PPT 添加合适的动画效果，让

PPT 由静态呈现变成动态呈现。

第四重境界：完美。时间和精力足够时，便可在第三重境界的基础上，继续对 PPT 的内容、排版、动画等进行全方位、精细化的打磨，使制作出的 PPT 作品达到自己心目中完美的状态。

制作 PPT 时，应结合时间精力及现实需求情况，把握住作品要达到的境界层级及创作重点，从而又快又好地完成工作。对于大多数的非专业 PPT 设计师而言，合理安排时间、精力，才能持续保持学习热情。

关键技能 003 对照检查！PPT 设计的四个认知误区

为什么懂得很多技巧，却依然做不好 PPT？对于有一定基础的 PPT 学习者来说，比起继续深入学习具体的设计技巧，更为关键的是跳出设计思维上存在的认知误区。下面是四个较为典型的认知误区，读者可对照检查，看看自己是否也存在同样的问题。

误区一：怕空

总担心页面空洞，于是想方设法地在页面上堆砌内容。如图 1-5 所示，这份商业计划书中文字、图片、视频、表格等全放在一张幻灯片中，杂乱无章，没有重点。

路演类 PPT 在制作过程中尤其需要对内容有所取舍，要考虑清楚什么样的内容必须放，什么样的内容不一定要放，页面尽量简洁，突出重点。

误区二：怕丑

总担心页面丑，便在 PPT 页面背景上过度设计，比如找些看似炫酷、唯美，实则过于复杂的图片来作背景，这是很多新手常犯的错误。如图 1-6 所示，用一张实景图片作为背景，且未做蒙版处理，造成部分内容显示不清，反而并不美观。

图 1-5

图 1-6

就页面背景而言，很多优秀的 PPT 背景都十分简洁，要么是纯色，要么是有质感的渐变色，又或者是一张简单且有质感的图片。页面漂不漂亮，关键不在于背景，而在排版。

误区三：怕"LOW"

有人觉得高颜值和拥有炫酷动画效果的 PPT 才是"高大上"的 PPT，因此过度追求美观，却忽视了内容本身，这是本末倒置。对于非专业 PPT 设计者来说，PPT 再漂亮、再炫酷也只是锦上添花，作品核心价值在于内容。因此，制作 PPT 时，必须始终把内容放在首位。

误区四：怕看不到

有些有一定基础的 PPT 学习者了解路演 PPT 的特殊性，知道页面中文字字号不能太小，但又走向了另外一个极端——把文字字号设置得过大，自以为这样观众才不会看不到。

事实上，无论哪种类型的 PPT，文字字号都不是越大越好，字号的选择要考虑到页面中各种元素的对比关系和 PPT 的表达重点，在"看得清"这一基本前提下，确保 PPT 重点突出、主次分明。

关键技能 004　快速改善 PPT 视觉效果——做"简"法

对于新手而言，要改善 PPT 的视觉效果，最简单的方法就是做"简"法，简洁的 PPT 设计有如下三种方式。

1　拆分

一般来说，PPT 中幻灯片的数量是没有限制的，因此，内容特别多时，完全不必将内容都放在一张幻灯片上呈现。PPT 内容过满的情况如图 1-7 所示，这页幻灯片内容非常多，主内容下包括三个子内容，使得观众阅读起来会很有压力，而演讲时，长时间停留在本页面也会让观众丧失聆听兴趣。

图 1-7

基于内容特点，将其拆分为四页来讲述，并对内容作一定修改，效果就会更好，如图 1-8 所示。

图 1-8

图 1-8（续）

2 信息画面化

　　若满篇皆是文字，那 PPT 岂不就与 Word 无异了？制作 PPT 时，应该尽可能地将文字转化为图片、表格、图表等画面化的元素，这样 PPT 的视觉效果会更好，观众阅读起来也会更轻松。将文字转化为表格，如图 1-9 所示；将文字转化为示意图，如图 1-10 所示。修改后的页面变得更简洁，视觉效果更好。

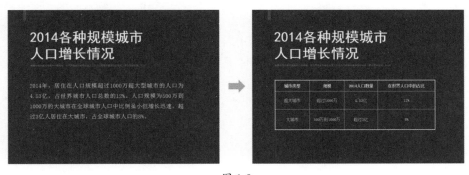

图 1-9

图 1-10

3 不擅长设计，就善用简单设计

非专业设计者的排版设计能力有限，大多数的普通 PPT 学习者可选择使用简洁的背景，并减少 PPT 中字体和色彩的使用，这样不仅页面不易变乱，合理的排版还能使 PPT 具有一定的质感。

如图 1-11 所示，苹果公司发布会的 PPT 就使用了渐变光感背景，简单且高级；如图 1-12 所示页面，只用微软雅黑一种字体，但对比关系清晰，简洁耐看；再如图 1-13 所示页面，采用"蓝＋灰"单色系配色方案，视觉效果也不差。

图 1-11　　　　　　　　　　　　　　　　　图 1-12

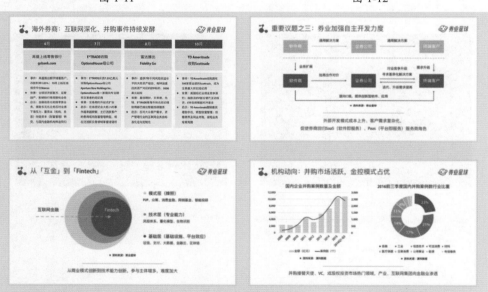

图 1-13

关键技能 005　内容不知咋写？教你四种实用表达结构

如何打开思路，整理混乱的思绪，输出有条理的、更易被理解的内容？这是很多人在制作 PPT 时最为头疼的问题。内容构思，关键在于找到合适的表达结构。接下来就为大家介绍一些实用的表达结构，通过认识和学习这些表达结构，读者可以在脑海中构建基础思维模型，在具体任务中便可灵活构思，使 PPT 内容更有条理。

1　时间线结构

即"过去—现在—未来"的结构，如图 1-14 所示，按照时间线索组织内容，使内容更清晰、更有逻辑。这是演讲中常见的一种结构，通常是结合故事来阐述观点。

图 1-14

2　"3W"结构

即"Why（为什么）—What（是什么）—How（怎么做）"结构，如图 1-15 所示，这个结构符合人们认识事物的一般规律，也是一种容易理解且容易被接受的逻辑结构。

图 1-15

3 "SCQA" 结构

即 "场景（Situation）—冲突（Complication）—问题（Question）—回答（Answer）" 结构，如图 1-16 所示，先描述背景或现状，进而指出矛盾点，然后说明为什么会有这样的矛盾，最后提出解决问题的办法，很多商业计划书都喜欢采用这种结构。

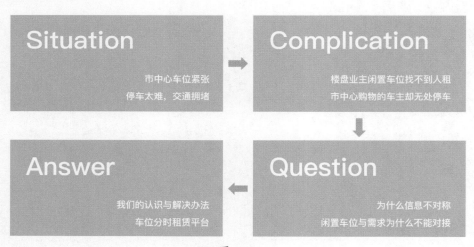

图 1-16

4 金字塔结构

金字塔原理是麦肯锡顾问公司的咨询顾问芭芭拉·明托发明的一种提高写作能力和思维能力的思维模型。这种思维模型的基本结构为结论先行、以上统下、归类分组、逻辑递进。先主要后次要，先总结后具体，先框架后细节，先结论后原因，先结果后过程，先论点后论据……将凌乱的思维有序组织起来，就形成了一个金字塔般的结构。

在做 PPT 时，用这一原理来梳理我们的思路，可以使我们对问题的分析更加深入，PPT 内容的逻辑性也会更强。例如，关于"如何提高微店的访问量"的策划，用金字塔结构可以按照以下过程来思考。

首先，确定目标是解决微店"访问量低"的问题。解决这一问题，可以从两方面着手：一是通过更广泛的宣传让更多人看到店铺链接、店铺名片；二是通过有效的宣传提高看到店铺链接、店铺名片的人访问店铺的概率。那么，如何实现更广的泛宣传呢？有在自己的朋友圈刷屏、参加微店平台的推广活动、投放各种网络媒体广告等手段。同理，如何实现有效宣传，也可以向下思考，比如开展足够力度的促销活动、结合时事撰写话题性强的文案、设计更吸引人的广告等。

通过金字塔结构，我们可以对该问题进行相对严谨的、深入的思考。在用 PPT 对这一系列的思考进行表达时，则既可从上至下、先总后分，也可从下至上、先分后总，思考的过程如图 1-17 所示，具体可根据实际情况选择更易被理解或更有创意的表达方式。

图 1-17

磨刀不误砍柴工，在进行内容创作的时候，建议使用思维导图软件辅助创作，把思绪厘清楚了再写文案。很多思维导图软件本身包含多种思维模型，对启发思维、梳理逻辑很有帮助。

关键技能 006 标题太重要了，这些创作手法或许能帮到你

标题对观点的表达至关重要。对于路演类 PPT，很多观众往往只看标题，很少仔细阅读正文。在撰写标题时，单纯对内容进行提炼概括，有时会显得有些平淡。为让观众更有兴趣，还应根据实际情况，适当用一些特殊手法优化标题。

1 让标题更短一点

简短的标题，观众阅读起来更轻松，页面呈现效果更好。小米手机发布会的一页幻灯片如图 1-18 所示，"快得有点狠"这五个字表达了这款小米手机的核心优势——快。快，点出了运行之快、网络之快等；狠，则表达出这款手机的速度快到了惊人的程度。

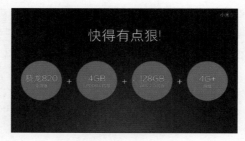

图 1-18

2　让标题的内涵更丰富一点

化用成语、俗语、流行语，或用玩文字游戏的方式重新包装原本要表达的意思，可以让标题更耐人寻味，如华为 MateBook 的广告，巧妙化用"本该如此"这一成语，传达产品将平板、笔记本合二为一这一特性，又传递出其重新定义这一类产品的理念，如图 1-19 所示。

图 1-19

3　让标题更专业一点

在标题中刻意强调某些数据或使用某些专业词汇，展现专业度，是产品推介类 PPT 提升标题吸引力的一种技巧，如图 1-20 所示。

图 1-20

4   让标题更有代入感

在标题中使用"你""您"等第二人称的字眼，使得标题犹如与观众直接对话，会让观众更有代入感，如图 1-21 所示。

图 1-21

5   让标题更有趣一点

观众都喜欢看有趣的东西，将原本平淡的标题朝着趣味性的方向调整，可以引起观众聆听和阅读的兴趣。可以在标题中制造对比、设置矛盾点，使标题出乎意料，又在情理之中，如图 1-22 所示。

图 1-22

6   让标题更神秘一点

揭秘的过程，通常能引起人们浓厚的兴趣，因此很多"标题党"广告都以揭秘式的标题来吸引读者。PPT 的标题也可以借鉴这种手法。将标题写成一句精彩的摘要，言犹未尽，制造神秘感，如图 1-23 所示。

如果把幻灯片看作广告，标题等同于主广告语，为了让这页幻灯片更能引起读者的兴趣，可以借鉴广告文案的创作方法来写标题。

图 1-23

1.2 路演思维提升

接下来，再来说说路演方面的一些思维提升技能。

关键技能 007　学会这些 PPT 开场，演讲就成功了一半

如何开场才能更自然、不尴尬？这是演讲者必须要考虑的问题。优秀的演讲者惯用的开场方式有如下五种，值得学习、借鉴。

（1）从任务、现状谈起

在商务提报演讲中，站在客户或公司领导的角度，开门见山直接谈现状、阶段性的任务，舍弃多余的渲染和铺垫，能够给别人留下干练的印象，对工作的开展也有一定的好处。从任务、现状谈起，还可以很自然地过渡到问题分析、建议对策上来。如图 1-24 所示，福特汽车销售公司的半年营销方案 PPT，便是直接从年度任务谈起。

图 1-24

（2）从题外话、引用内容谈起

为增强演讲的吸引力，让演讲看起来更丰富，有时也可以先宕开一笔，以一些看似不着边际，实际又与核心论点存在某种关系的题外话来开场，先把气氛渲染起来，再逐步进入正题。这种开场方式柔和、自然，能够制造期待，吊起观众胃口，如图1-25所示。

图 1-25

（3）从一个问题谈起

在演讲开始时，先抛出一个问题，将观众的注意力瞬间拉入你所设定的情境。问题设置宜得当，紧扣主题又有趣味性，如图1-26所示。

（4）从一个故事谈起

优秀的演讲者大多擅长讲故事。在讲正式的内容前，先将一个故事娓娓道来也是优秀的演讲者惯用的方式。讲的这个故事可以是演讲者自己的故事，也可以是演讲者视角下别人的故事，越是真实越能打动人心。如图1-27所示，卓创广告的《路劲·城市主场营销创意报告》通过篮球运动员科比的故事开场，将广告方案与科比的主场精神紧密结合，非常有新意。

图 1-26

图 1-27

（5）从结论谈起

如果演讲的核心观点足够独特、惊艳，直接在开头将结论抛出来，再详细讲解推导过程也未尝不可。如图1-28所示，该电商平台拓展计划就以"来电了"这样的标题开场，先摆出结论——电商平台都将加入，再介绍具体方案。

图 1-28

演讲时，有些常见的心态问题值得我们注意。

问题 1：低估观众水平

表现：讲太多老生常谈的废话，花大量时间引经据典，解释某些其实十分简单的概念，使演讲乏味、无聊。

调整建议：其实大家都是聪明人，不是所有事情都值得说三遍。浪费时间就是浪费生命，演讲时应尽量少一点废话，演讲内容要让观众有看头、有听头。

问题 2：模仿大师演讲

表现：看过些大师演讲后，不自觉地想要复制大师的技巧，在演讲时刻意模仿他们的手势、幽默方式等，却常常是徒有其表，给人的感觉很生硬、很呆板。

调整建议：勇敢做自己。真诚看似普通，却最能打动人。以自己的真性情去应对一场重要的演讲也未尝不可。专注于演讲内容本身，以自己的方式去准备、去发挥，比模仿他人更有说服力。

问题 3：想要快点结束

表现：被紧张、胆怯心理左右，潜意识里想要快点结束演讲，导致自己语速过快，原计划20分钟讲完的内容，七八分钟就讲完了，效果可想而知。

调整建议：慢一点。观众是需要一些反应时间的，语速慢一点，甚至中间适当做些停顿，既能留点时间给观众，也能留点时间给自己。

问题 4：自说自话

表现：双眼盯着屏幕或投影，机械地念着幻灯片的内容，从来不看观众。

调整建议：眼神也能交流。让观众觉得你是在和他们对话，即便他们没有说话。观众的好恶其实都写在脸上，看看他们，猜一猜他们对你的演讲的评价如何。

问题 5：为大声而大声

表现：为让观众听见自己的声音，刻意把嗓门提高，但由于掌握不好尺度，反而变成了歇斯底里的吼叫。

调整建议：正常的、自然的音量就好，哪怕稍微有点小。有些人天生声音不大，刻意提高音量，很容易变成吼叫，再好的内容也像是虚无缥缈的空口号，给人的感觉更不好。

关键技能 009　留意这六个小细节，让你的演讲更成功

台上一分钟，台下十年功。要赢得投资人的青睐、赢得客户的认可、赢得观众的喝彩，必须要有一丝不苟的态度。成就一场完美的演讲，有以下细节需要注意。

1　提前排练

无论是多长时间、多大规模的演讲，最好都能进行至少一次的排练。讲述和撰写、观看之间是有差别的，只有通过排练，才能帮演讲者把幻灯片内容与演讲内容对应起来，避免演讲时出现啰唆、支吾、超时等各种问题，发挥出真正水平。罗振宇曾自述每年《时间的朋友》跨年演讲前都会无数次的排练。

2　自我介绍

正式演讲开始前，对自己或自己的团队、公司进行简单的介绍，会显得更为礼貌、大方。因此，PPT 的第一页可做成演讲者或公司简介，而非具体要讲的内容主题。

3　开启演示者视图

新版的 PowerPoint 软件增加了非常实用的演示者视图模式，如图 1-29 所示。在该模式下，投影播放出来、被观众看到的是幻灯片中的内容，而演讲者所看到的是包含备注内容、当前演示页面和下一个演示页面的独特界面。在面对自己的计算机演讲的情况下，使用演示者视图可以避免忘词，更好地掌控演讲节奏。

图 1-29

计算机通过 HDMI 接口连接大屏或投影设备时，一般进入放映模式后，计算机会自动进入演示者视图。如未开启演示者视图，可单击"幻灯片放映"选项卡的"设置幻灯片放映"按钮，在弹出的"设置放映方式"对话框中勾选"使用演示者视图"复选框开启该视图，如图 1-30 所示。

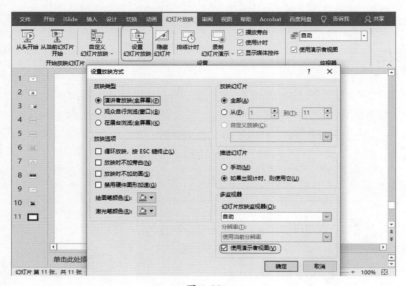

图 1-30

4 与观众有交流

不要只顾自己讲自己的 PPT，而完全不在意观众的感受。在演讲过程中要关注观众的情绪，把握他们的兴趣点，可以设置一些问题与观众互动，使大家保持继续听的兴趣。

5 不确定的内容不提

一般情况下，演讲内容中应避开自己尚未求证、易引起争议的内容。演讲者的语速可适当放慢，妥善措辞，引导观众在自己设定的范围内讨论。

此外，还应尽量避免演讲中不断纠正自己的小错误、打断自己，这样会让观众觉得你不自信、水平不够，丧失继续听下去的兴趣。

6 适当回顾梳理

结束演讲前，最好要做一次总结回顾，可以帮助观众对讲解的内容进行整理，以便他们更好地理解、记忆，提升演讲效果；如果 PPT 的内容非常多，还应设置小结，每讲完一个部分就做一个简单的总结，如图 1-31 所示，某 PPT 教学课件在课程结束前设置了回顾页面。

图 1-31

第2章

提升PPT文字美感的15个关键技能

2.1 字体的选择

不同的字体能让 PPT 呈现出不同的风格。为了在工作中满足制作各种风格 PPT 的需求，除微软雅黑、黑体、宋体、楷体等常见的系统字体外，建议大家再下载一些其他风格的字体，丰富自己的字体库。网上找字体不难，但务必要注意字体不要侵权。

关键技能 010 正文用啥字体比较好？这三款就够

传统中文印刷中，字体分为衬线字体和无衬线字体两种。衬线字体在字的笔画开始和结束的地方有额外的装饰，笔画的粗细有所不同，如宋体、Times New Roman，如图 2-1 所示；无衬线字体没有这些额外的装饰，而且笔画的粗细基本一致，比如微软雅黑、Arial，如图 2-2 所示。

图 2-1

图 2-2

在 PPT 中，无衬线字体笔画粗细较为一致、无过细笔锋，工整干净，呈现效果往往会比衬线字体更好，尤其是远距离观看时，无衬线字体的优势更加明显。因此，在做 PPT 时，一般建议使用无衬线字体，特别是正文部分。

无衬线字体最常用的莫过于微软系统自带的微软雅黑和黑体，如果觉得这两种字体有些普通了，可以考虑使用苹方黑体。

（1）苹方黑体

苹方黑体是苹果公司官方出品的中文字体，类似微软公司的微软雅黑。无论是简洁的页面，还是有大段文字内容的页面，此种字体都能确保 PPT 清晰、易读，视觉上给人清爽、明朗的感觉，非常适合展示企业品牌形象、商务方案或计划及产品发布等类型的 PPT 使用。如图 2-3 所示，这是使用苹方黑体制作的一张 iPhone 各机型对比 PPT。

另外，苹方黑体在数字和标点符号的呈现效果上也比微软雅黑更好。如图 2-4 所示，苹方黑体在 2、3、6 等有弧度的数字的呈现上，看起来比微软雅黑更圆润；在逗号、引号的呈现上，也更符合印刷品中的中文标点符号的特点。

苹方黑体按笔画粗细程度还分成了特粗、粗体、常规、中等、细体、特细六种，既可以用于标题，也可用于正文，放在表格内、图片或形状里，效果也都不错，能适应各种排版需要。即使只使用苹方黑体这一种字体，也能轻松做出一份品质优秀的PPT。如图2-5所示，这是完全应用苹方黑体制作的一份PPT（节选）。

图 2-3

图 2-4

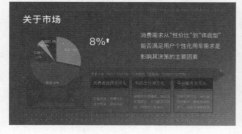

图 2-5

若不喜欢苹方黑体字体，或系统出现其他问题无法安装这款字体时，还可用思源黑体、阿里巴巴普惠字体代替。

（2）思源黑体、阿里巴巴普惠字体

这两款字体具有和苹方黑体类似的特征，且无任何版权限制，可谓是"业界良心"。思源黑体如图2-6所示，阿里巴巴普惠体的各字体样式如图2-7所示。

图 2-6

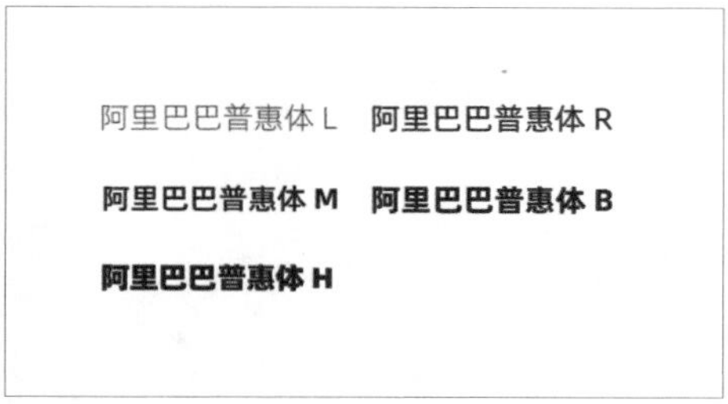

阿里巴巴普惠体 L　阿里巴巴普惠体 R

阿里巴巴普惠体 M　阿里巴巴普惠体 B

阿里巴巴普惠体 H

图 2-7

关键技能 011　强烈推荐！八款好用的标题字体

在 PPT 中，标题的字体需要有一定的独特性和表现力，能够很鲜明地与正文部分区别开来，达到吸引他人注意力的效果。特别是在封面页、过渡页、观点页等文字内容较少的页面中，使用一些特别的字体，可以有效提升页面效果，避免空洞感。

下面给大家推荐八款非常适合作标题的字体。

（1）庞门正道标题体

这是专为标题设计的一款字体，字形方正，笔画粗壮有力，无论是单色还是渐变色，填充效果都不错，用在一些科技类 PPT 中十分美观，如图 2-8 所示。

图 2-8

与庞门正道标题体类似的还有锐字真言体，作为标题效果如图 2-9 所示；优设标题黑体，作为标题效果如图 2-10 所示。

图 2-9

图 2-10

（2）字体圈欣意冠黑体

欣意冠黑体是"字体圈"公众号发布的一款永久免费商用字体，字形修长，简洁大方，应用在互联网、体育运动、调研报告等类型的 PPT 中效果上佳，如图 2-11、图 2-12 所示。

图 2-11   图 2-12

（3）问藏书房体

这是问藏书房与造字工房联合打造的一款字体，中国大陆地区个人与商业机构可以免费使用。问藏书房体字体俊秀，呈现出一种古典美，用在情感类、中国风等类型的 PPT 中效果尤佳，如图 2-13 所示。

图 2-13

 Tips ┃ **关于造字工房**

造字工房是一家优秀的新派汉字字体设计机构，出品了朗宋、俊雅、悦黑等诸多优秀的字体，深受设计师欢迎。使用其字体需注意相应的版权问题。

（4）站酷庆科黄油体

这是站酷公司出品的一款特色字体，笔画圆润、可爱，适合用在餐饮、美食的 PPT 中，如图 2-14 所示。

图 2-14

（5）方正特雅宋简体

虽然衬线字体在投影演示中效果常常不如无衬线字体，但是衬线字体仍然有必要适当安装。首先，衬线字体能够展现汉字的独特美感，适合用来制作中国风类型的PPT，另外，政府、事业单位的文件使用的大多是衬线字体，制作党政相关的PPT，很可能需要使用衬线字体才符合规范。

方正特雅宋简体是一款标准的衬线字体，这款字体结构饱满，笔锋鲜明，在党政类型的PPT中作为主标题或小标题都很合适，如图2-15、图2-16所示。

图 2-15

图 2-16

 Tips —— **使用方正字库字体需要注意版权问题**

虽然在生活中我们常常见到方正字库的字体，比如手机里的方正兰亭黑体，文件中的方正仿宋，报纸上的方正报宋等，但方正的字体并非无限制免费，如果用在商业文件中很多是需要购买版权的。

（6）文鼎CS长美黑简体

文鼎字库出品的衬线字体，字形细长隽美，适用于中国风类型PPT，如图2-17所示。

（7）华康俪金黑简体

这款字体融合了衬线字体和黑体特性，有衬线字体的笔画特征，也有黑体的中性沉稳，能与各式字体搭配使用，实用性很强，如图2-18所示。

图 2-17

图 2-18

（8）文悦古典明朝体

这是一款取材自明代及清代早期雕版善本的字体，笔画的书法特征浓郁，非常适用在展现人文感、古朴感的相关行业 PPT 中，如图 2-19 所示。

很多设计师推荐的康熙字典体虽然也具有很强的古典中文印刷字形特色，但其字库文字相对不完备，易出现缺字现象（某些字无法显示），因此还是建议安装文悦古典明朝体。

图 2-19

关键技能 012　想要大气点的毛笔字体？试试这七款

毛笔字笔画遒劲，气势宏大，在 PPT 中使用，能够达到突出核心观点、增强页面表现力、避免页面空洞的效果。如图 2-20 所示，一加手机的标题"不将就"三个字便使用了毛笔字体，有力凸显了该品牌一丝不苟的态度。

图 2-20

这里给大家推荐七款字库相对较全、不易缺字，并且英文字母也能使用的毛笔字体。

（1）方正榜书行简体

字形方正，笔画粗壮，适合远距离观看，效果如图 2-21 所示。

图 2-21

（2）今昔豪龙体

笔画同样较粗，字字走笔流畅，如同即时书写一般，效果如图 2-22 所示。

（3）汉仪许静行楷体

有行书的气势，又有楷体的端正美观，如图 2-23 所示。

图 2-22

图 2-23

（4）日文毛笔行书

相比前面几种字体，日文毛笔行书的笔画要稍细一些，但起笔、落笔处的感觉十分真实，如图 2-24 所示。

（5）汉仪天宇风行简体

略微倾斜的书法字体，笔劲雄厚，一撇一捺更是锋芒毕露。这款字体风格可谓自成一派，特点鲜明。使用时，可以稍微把字与字设置得更聚拢一些，效果更佳，如图 2-25 所示。

图 2-24

图 2-25

（6）汉仪尚巍手书体

这款字体笔画同样十分有气势，但书写风格又相对不拘一格，不是那么循规蹈矩，每一个字都很独特。使用这款字体时，根据文字内容情况，需要稍微调整字体的大小、位置等，错落排列，效果更佳，如图 2-26 所示。

（7）文鼎习字体

这是一款自带书法田字格的字体，使字形显得更加端正。用在文化类课件、文艺抒情的 PPT 中，一种墨香质感油然而生，如图 2-27 所示。

图 2-26　　　　　　　　　　　　　　　　图 2-27

关键技能 013　书写真实感更强！名家书法字插入方法

除了安装字体，还可通过网站在线生成毛笔字然后插入 PPT。这种方法的优点是可以自主选择古今书法大家的笔迹，字体、字形更加多样，一笔一画更具真实感。具体操作方法如下。

步骤 01 在书法迷网站上方文字输入框输入要生成毛笔字的文字，并设置字体、字号、颜色等参数，设置完成后，单击"书法生成"按钮，此时便可在下方的预览窗格中查看生成效果，如图 2-28 所示。

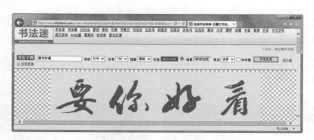

图 2-28

步骤 02 将鼠标移至书法字预览窗格，在弹出的窗口中选择该字的不同写法（不同书法家或同一书法家在不同时期书写的该字），如图 2-29 所示，选择时注意整体书写风格的统一。

步骤 03 逐一设置完成后，单击"保存整体图片"按钮，选择保存为"矢量 SVG"图片，以便在 PPT 中使用，如图 2-30 所示。

图 2-29　　　　　　　　　　　　　　图 2-30

步骤 04 按【Ctrl+ C】组合键复制导出的 SVG 格式文件，再按【Ctrl+V】组合键，将其粘贴至 PPT；随后右击图片，在弹出的快捷菜单中指向"组合"按钮，继续单击"取消组合"命令。这样，书法字图片就变成了在 PPT 中可编辑的矢量形状了。此时，我们可以将字体的背景删除，在 PPT 中自由调节各字的大小、颜色，使其效果能够适应当前 PPT 页面风格。

图 2-31　　　　　　　　　　　　　　图 2-32

　　在书法迷网站还可以生成篆体、甲骨文、花鸟体等字体，满足教学、学术报告等 PPT 的特殊需求。这种生成字体的方法适合少量文字应用，若有大量文字需要使用书法字体，还是建议安装毛笔字体。

关键技能 014　有必要安装！英文字体就用这九款

　　在 PPT 中适当使用一些英文，一来能够辅助排版，解决页面空洞或单调问题，二来能够起到装饰作用，提升页面美感，使 PPT 更具现代感、国际感。如图 2-33 所示，页面中只有一行中文字，左半边就显得有些空洞，加上一些英文后，视觉上就变得平衡了。

　　因此，即便我们不常制作纯英文 PPT，仍然有必要储备一些英文字体。

　　下面就给大家推荐一些好用、美观的英文字体。

图 2-33

（1）Arial

就像微软雅黑一样，Arial 也是一款经典的无衬线英文字体，几乎所有计算机中都有，适用性强，不必担心移动 PPT 后字体缺失。Arial 笔画简洁，字形美观。目录页的英文、数字使用 Arial，效果都非常不错，如图 2-34 所示。

（2）Times New Roman

这是在全世界广泛使用的一款经典衬线英文字体，在印刷文件、商品包装上常常能够见到，和 Arial 字体一样，这种字体的适用性也极强，字体效果如图 2-35 所示。

 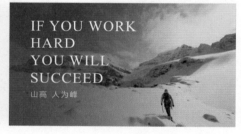

图 2-34   图 2-35

如果不想在英文字体选择上花太多时间，有以上两款字体也就够了。但若要让页面更加丰富，满足多样化排版风格需求，则还可储备下面这些具有一定特色的英文字体。

（3）Century Gothic

这是一款看起来似曾相识，却别有一番特色的字体，字形简洁、干净，具有艺术美感，非常适合极简风、科技类 PPT 使用，如图 2-36 所示。

（4）Impact

这款字体笔画粗壮，字距紧凑，适合用于某些需要强调的英文内容，如图 2-37 所示，这种字体一般不建议用于正文。

图 2-36

图 2-37

（5）Arenq

这是一款风格非常独特的英文字体，具有双线条的特征，非常适用于做页面排版装饰，如图 2-38 所示的"A"就使用了 Arenq，增强了这个过渡页的设计感。这种字体使用时最好采用较大的字号，才能充分展现这款字体的特点。

（6）Adamas

这款英文字体采用的是前几年非常流行的 Low Poly 设计风格，每一个字母都由是很多几何形状切割构成，放在 PPT 中能够增强页面的科技感、设计感，如图 2-39 所示。该字体的缺点是不支持阿拉伯数字内容。

（7）Frizon

这款字体字形粗壮，弧形的字母边缘十分圆润，对某些字母的棱角进行了十分考究的切割，在视觉上更具力量感，是一种设计整体性很强的硬派风格，适用于工业机械、竞技游戏、体育运动等类型的 PPT，如图 2-40 所示。

（8）R&C Demo

这是一款草稿风格的特色英文字体，就像设计图纸一样，保留了字体设计时的各种参考线、未完全填充色彩的字母，带给人一种刚刚完工、新鲜出炉的感觉，适合用新品发布会、新概念展示等 PPT 中，如图 2-41 所示。

图 2-38

图 2-39

图 2-40

图 2-41

（9）Road Rage

这是一款书法英文字体，26 个字母和 10 个阿拉伯数字均可使用，真实感很强。笔画遒劲有力，字形略微倾斜，气势磅礴。当 PPT 中需要凸显精神主张、核心观点等内容时，可以使用该字体，如图 2-42 所示。

图 2-42

 Tips

PPT 中使用英文的注意事项

1. 英文主要用于辅助排版，使用时切忌喧宾夺主，影响中文内容的表达，必要时可以通过调整透明度来弱化英文。

2. 同一页面大字号的英文不宜过多，排版时最好能结合页面的图形元素使用，形成一定的层次感，这样看起来更加和谐。

3. 作为装饰元素的英文内容也需要适当考虑翻译时的"信、达、雅"，让 PPT 看起来更专业、更美观。

关键技能 015　好字体哪里找？这三个渠道你得知道

在互联网上找字体，有以下几种方法。

1　到字体公司官网找

找字体最简单的方法就是访问字体设计公司官网，在官网可了解字体的使用权限，了解字体公司最新的字体设计作品。造字工房公司官网如图 2-43 所示，方正字库公司官网如图 2-44 所示。

图 2-43

图 2-44

2　在专业字体网站找

前文推荐了不少字体，那么这些字体在哪里可以下载呢？当你知道字体名称时，可以到专业字体网站去搜索下载。这类网站聚合了各大字体设计公司出品的中文、英文字体，只要知道字体名称基本都能找到。这类网站推荐"字体天下"，如图 2-45 所示。该网站设计简洁，没有过多的广告干扰，字体分门别类，十分清晰，字体库也较全，搜到字体后基本都有下载链接。

图 2-45

另外，一个叫作"求字体"的专业字体网站也值得推荐，如图 2-46 所示。这个网站有一个以图搜字的特色功能，当你在别人的 PPT 中看到某个字体，也想要找到这个字体，可以截图或拍照保存，再在这个网站上传图片搜索，便能找出图片中的字体并下载，如图 2-47 所示。

图 2-46 图 2-47

③ iFonts 字体助手

这是一个集字体管理、字体下载等字体相关功能于一体的软件，如图 2-48 所示。使用这个软件可以轻松找到各大字体设计公司的字体，了解该字体的使用权限（是否能商用），一键应用到目标文字内容（当前选中）中，并且能够分门别类地管理计算机中已有的字体，在打开别人的 PPT 遇到字体缺失问题时，也可通过这个软件快速将字体补回。另外，当我们需要做一些常见的特效文字，如金属字、抖音特效字、荧光字、流体渐变字等，通过这个软件也可快速完成（将相应字体拖到 PPT 中即可），如图 2-49 所示。

图 2-48 图 2-49

安装字体的两种方法

方法 1：直接双击字体文件，在弹出的界面中单击"安装"按钮，即可快速将字体安装到计算机。

方法 2：在系统盘（一般为 C 盘）的 Windows 文件夹里找到 Fonts 文件夹，打开并将要安装的字体文件粘贴在该文件夹内，即完成了字体安装。需要一次性安装多个字体时，使用这种方式更方便。

2.2 字体的使用与设计

要让 PPT 文字内容更美观，选择合适的字体是一方面，另一方面，在字体的使用上也有一些讲究，本节具体来说说。

关键技能 016 换计算机后提示字体缺失，怎么解决？

做好的 PPT，在别人的计算机上演示时，系统却提示字体缺失，导致精心设计好的页面全乱了。相信很多人都有过这样的经历，因此很多人为稳妥起见，做 PPT 从来不用特殊字体，只敢用系统默认的微软雅黑。

其实，字体缺失并不是不能解决的问题，以下五种方法就能帮到你。

1 将字体嵌入 PPT

将字体嵌入 PPT 文件中，即便在没有该字体的计算机中播放也不受影响。PowerPoint 默认设置字体不嵌入 PPT 文件，嵌入时需要进行手动设置，设置方法如下。

步骤 01 单击"文件"选项卡，单击"选项"命令，如图 2-50 所示。

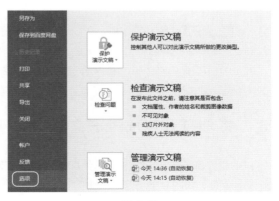

图 2-50

步骤 02 打开选项对话框，切换到"保存"选项，勾选下方"将字体嵌入文件"复选框，根据需要选择"仅嵌入演示文稿中使用的字符"或"嵌入所有字符"，单击"确定"按钮即可，如图 2-51 所示。

图 2-51

上述方法可简易解决字体缺失问题。但当 PPT 中使用了非 True type 字体（不支持字体嵌入的字体）时，保存时会弹出"非 True type 字体无法嵌入"的提示，此时，需要考虑用其他方法来解决字体缺失问题。

Tips | **嵌入使用的字符和嵌入所有字符有何区别？**

"仅嵌入演示文稿中使用的字符"指只将你的 PPT 中使用的那部分文字嵌入 PPT 中，这种方式不会让 PPT 文件变得过于庞大，导致开启、保存等操作卡顿；而"嵌入所有字符"指将该字体的字体库中所有的文字都嵌入 PPT，这种方式便于在其他计算机再次编辑修改 PPT，但容易让 PPT 文件变得庞大。

2 随 PPT 拷贝字体

将 PPT 中应用的字体和 PPT 中用到的字体放在同一个文件夹中保存，一同拷贝到新计算机中，若出现字体缺失问题，则关闭 PPT，将字体安装至该计算机后重新打开 PPT，问题就解决了。如图 2-52 所示。

3 将 PPT 保存为 PDF 文件

PDF 文件不受字体的影响。若 PPT 文件内容已无须再修改，且观看时无须动画效果，还可将 PPT 导出为 PDF 文件保存。如图 2-53 所示，在 PPT 文件导出界面选择"创建 PDF/XPS 文档"选项，即可将 PPT 导出为 PDF 文件。

图 2-52

图 2-53

 Tips

如何缩短 PPT 文件自动保存的时间间隔

为避免 PowerPoint 意外关闭时制作的 PPT 文件完全丢失，默认情况下，PowerPoint 每隔 10 分钟将自动保存一次，自动保存时，PowerPoint 常常无法操作。若觉得 10 分钟保存一次过于频繁，可单击"文件"选项卡中窗口左侧面板的"选项"命令，在"PowerPoint 选项"对话框"保存"选项卡中，把"保存自动恢复信息时间间隔"的时间设置得稍微长一些，比如 30 分钟；如果你有时不时按【Ctrl+S】组合键保存的习惯，不需要自动保存，也可把时间设置得更长（但不能超过 120 分钟）。

4 将文字转换成 PNG 图片

若你的 PPT 文件中可能出现缺失字体问题的文字并不多，如只是封面标题应用了非系统自带的"文鼎习字体"，其他内容全部采用微软雅黑字体，此时我们还可利用"选择性粘贴"的方法，解决在其他计算机播放可能出现的字体缺失问题，具体操作方法如下。

步骤 01 选中应用"文鼎习字体"的标题文字，按下【Ctrl+C】组合键复制。

步骤 02 按下【Ctrl+Alt+V】组合键，打开"选择性粘贴"对话框，如图 2-54 所示。

步骤 03 在"选择性粘贴"对话框中选择"图片（PNG）"选项，单击"确定"按钮，即将该文字转换成了无底色 PNG 图片，如图 2-55 所示。

图 2-54

图 2-55

如何提高文字转换的 PNG 图片的清晰度

PPT 文件中输入的文字是矢量的，而图片的清晰度则与其精度有关。为了让"选择性粘贴"的文字转换成的 PNG 图片文字具有足够高的清晰度，我们可以增大字号，放大文字后，再进行复制、选择性粘贴转换，这样转换出来的 PNG 图片清晰度也能得到提升。

5 将文字转换成形状

有人觉得文字转换成 PNG 图片后，始终不如原来输入的文字清晰，怎么办？在可能产生字体缺失问题的文字并不多的情况下，还可以利用"合并形状"工具，将文字转换成形状，这样也可确保 PPT 不出现字体缺失问题，具体操作方法如下。

步骤 01 在当前幻灯片中插入任意一个形状。

步骤 02 先选中要转换为形状的标题文字，再选中刚刚插入的形状，进而单击"格式"选项卡下的"合并形状"下拉按钮，在下拉列表中单击"剪除"命令。这样，就把标题文字转换成了矢量形状，如图 2-56 所示。

转换成形状后的文字，虽然和 PNG 图片一样无法编辑，但可以改变其填充色、边框色，如图 2-57 所示。

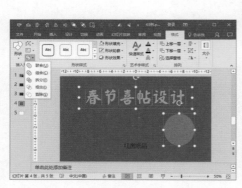

图 2-56

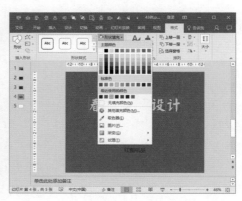

图 2-57

关键技能 017 掌握这四条原则，让字体搭配更有方向性

优秀的 PPT 设计师在字体使用方面通常是十分克制的，整份 PPT 所用的字体通常只有两种，标题一种，正文一种。减少字体使用量既能降低排版压力，也能让 PPT 看起来更统一、更美观。在标题与正文字体的搭配上，可以参考下面四条原则，提升页面设计感。

1 同字体不同规格搭配

微软雅黑（加粗）和微软雅黑 light 搭配如图 2-58 所示，思源黑体（粗）和思源黑体（常规）搭配效果如图 2-59 所示。这样的搭配简单、高效，兼容性问题少，且由于同一字体的不同规格本身就经过设计，搭配出来效果一般都还不错。在时间紧迫时，尤其推荐采用这样的搭配方式。

图 2-58　　　　　　　　　　　　　　　　　图 2-59

2 衬线字体与无衬线字体搭配

衬线字体往往比较适合作为字数少、字号大的标题，能够快速确定页面风格调性；字数多、字号小的部分则最好选择无衬线字体，确保页面更清晰。优设标题黑和黑体搭配如图 2-60 所示，方正特雅宋和苹方黑体搭配如图 2-61 所示，标题与正文在视觉上的区分十分明显，页面风格各具特点。

图 2-60　　　　　　　　　　　　　　　　　图 2-61

3 特色字体与无衬线字体搭配

当需要让页面更强烈地呈现某种风格或需要从此前页面版式中跳脱出来时，可以在标题上应用一些特色字体并灵活排版，正文辅以无衬线字体。华康娃娃体和苹方字体搭配效果如图 2-62 所示，文鼎习字体和微软雅黑搭配，效果如图 2-63 所示。

图 2-62

图 2-63

4 中文字体与英文字体搭配

为了让页面设计更具现代感、国际感，最简单的方式就是在页面中混排一些英文内容。衬线中文字体要找与之风格类似的衬线英文字体搭配。方正悠宋和 Baskerville 搭配，效果如图 2-64 所示；无衬线中文字体找与之风格类似的无衬线英文字体搭配，如思源黑体和 Helvetica 字体搭配，效果如图 2-65 所示。字形特点吻合，整体风格会更和谐。

图 2-64

图 2-65

 Tips ──•

如何快速统一 PPT 字体？

制作 PPT 前，先单击 PowerPoint 上方"设计"选项卡，在"变体"工具栏中，单击▽，指向"字体"，单击"自定义字体"，在弹出的"新建主题字体"对话框中，可设定中、英文标题和正文字体搭配方案，设置完成后单击"确定"按钮即可。这样，这份 PPT 各页面的字体就统一了（使用带标题域、正文域版式制作的 PPT，统一更换字体后效果更佳）。设置后，在字体选择下拉列表中，你需要使用的标题、正文字体便罗列在列表最上方，再也不用每次都花费大量时间在列表中找字体。在 PPT 制作完成后，更换字体搭配方案也十分方便，使用相同的方法建立并应用新的字体搭配方案即可。

使用艺术字做文字特效非常方便。选中文字内容，在"插入"选项卡下的艺术字列表中单击想使用的艺术字效果，即可一键为该文本添加艺术字。PowerPoint 中预置的 20 种艺术字效果如图 2-66 所示，各有特点。

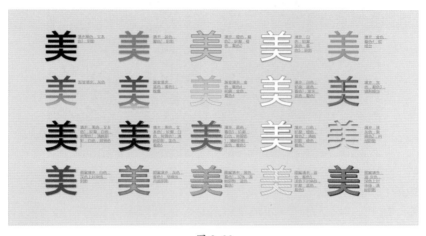

图 2-66

在时间比较紧的情况下，使用艺术字制作文字特效具有效率优势，但仍不建议在 PPT 中滥用艺术字，否则会使 PPT 看起来很廉价。选择艺术字效果时，要注意选择的艺术字要与整体设计风格相符。

预置的艺术字都是由特定的填充方式、轮廓样式及文本效果构成。若对预置的样式不满意，应用后，还可通过"格式"选项卡下"艺术字样式"工具组来进一步调整轮廓、阴影等效果，下面具体介绍几种常用的艺术字效果。

（1）阴影效果

阴影效果分为外部阴影、内部阴影及透视阴影，并有多种不同的阴影偏移方式，如图 2-67 所示，"观"字应用的是右下偏移阴影，"岭"字应用的是左上偏移阴影。

图 2-67

（2）映像效果

映像效果类似水面倒影，有紧密映像、半映像、全映像等多种变体，可在页面中营造空间感、场景感。如图 2-68 所示，棱锥上方的文字应用映像效果，使得文字更有立体感，使页面更有空间感。

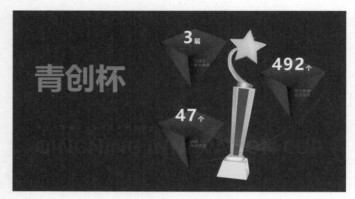

图 2-68

（3）发光效果

使用发光效果时，应注意发光颜色与页面背影相契合，不要选择与背景冲突的发光色。同时，发光大小和透明度也应适度，不建议直接使用系统预置的发光效果。如图 2-69 所示，其中的文字"KKTV"采用文字和线条组合的发光效果，构成的霓虹灯字非常真实。

（4）棱台效果

通过对顶部棱台、底部棱台、深度、曲面度、材料、光源等参数的调节能够轻松在 PPT 中设计出具有立体感的文字效果。直接选择系统预置的一些效果也能满足一般的设计要求。如图 2-70 所示，此幻灯片中的文字是使用棱台效果制作的金属字。

图 2-69

图 2-70

（5）三维旋转效果

在 PowerPoint 中，不需要借助其他专业作图软件，一键就能为文字添加各种三维效果，让页面更具空间感。如图 2-71 所示页面，为左右两部分歌词文字添加了两种简单的三维旋转效果，页面便更有空间感。

图 2-71

（6）转换效果

艺术字的转换效果包含跟随路径效果和各种弯曲效果。使用转换效果能将原本规规矩矩的文字排得更为灵活，适合用在一些风格相对轻松的 PPT 中，如图 2-72 所示。

图 2-72

 Tips

文字透明度的设置方法

设置文字透明度可以弱化次要文字，突出主要内容，也可使文字与背景更自然地融合。文字的透明度可以通过以下方法进行设置：选中需要设置透明度的文字并右击，在弹出的菜单中选择"设置文字效果格式"命令，在弹出的"设置形状格式"对话框中拖动透明度滑块，即可设置需要的透明值。

关键技能 019 简单但好用！图片填充让文字简单又特别

使用 PowerPoint，不仅可以为文字填充纯色，还可以填充渐变色、纹理、图案和图片。选中需要填充的文字，在"艺术字样式"工具组的"文本填充"选项中选择填充样式并进行相应的填充即可。值得一提的是，通过在文字中填充不同风格的图片，能让文字具有独特的设计感，简单又好用，效果如图 2-73 所示。

图 2-73

进行图片填充时，按照如下方式操作会更简便。

步骤 01 将填充图片放置在需要填充的文字上方（可整体填充，也可拆分成单个文字进行填充）并将其调整到合适位置，裁剪至与文字差不多大小（预先调整位置可更好地掌握填充后的大致效果，否则图片填充后可能被拉伸或挤压变形），如图 2-74 所示。

步骤 02 按【Ctrl+X】组合键剪切图片，进而选中需要填充的文字并右击，在弹出的快捷菜单中选择"设置文字效果格式"命令，打开"设置形状格式"对话框。在该对话框中，单击"文本填充"下拉列表中的"图片或纹理填充"单选按钮，"插入图片来自"选择"剪贴板"，如图 2-75 所示。

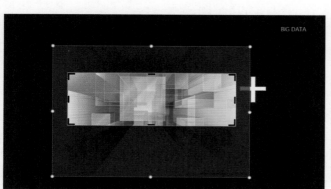

图 2-74   图 2-75

上述操作完成后，便可看到图片已填充至文字内，文字具有了图片的配色和图案，如图 2-76 所示。

图 2-76

充分发挥想象力，结合页面背景选择合适的图片进行填充，我们还能设计出更多独特的文字效果，如图 2-77、图 2-78、图 2-79、图 2-80、图 2-81、图 2-82、图 2-83 所示，这些文字效果都是使用图片填充的方式制作的。

图 2-77

图 2-78

图 2-79

图 2-80

图 2-81

图 2-82

图 2-83

关键技能 020　深度变形！ PPT 里的文字变形大法

　　在前文解决字体缺失问题的方法中提到过将文字转换为形状，很多人不知道，将文字转换为形状后，还可以继续使用"合并形状"工具对已转化为形状的文字进行进一步编辑，改变文字外观使字体更有原创性。如图 2-84 所示，这是魅族 MX4 发布会 PPT 中用到的变形文字效果。

　　在图 2-85 这页幻灯片中，"度""展""性"三个字，各有一角被截，要制作这种截角文字效果，需要先将文字转化形状，然后通过裁剪获得最终效果，具体操作步骤如下。

图 2-84 选自魅族 MX4 发布会 PPT

步骤 01 插入三个文本框并输入文字，并使用"合并形状"中的"剪除"工具，逐一将三组文字转换为形状，如图 2-85 所示。

步骤 02 插入用来切割文字的矩形（倾斜角度为 30°）并复制三个，将矩形调整至合适的位置（遮盖需要被剪除的部分），如图 2-86 所示。

图 2-85

图 2-86

步骤 03 选中已转换为形状的文字，再选中遮盖在其上的相应矩形，切换至"格式"选项卡，单击"合并形状"按钮，单击"剪除"命令，截去文字形状被矩形遮盖的部分，如图2-87所示。同理，重复两次该操作，即完成了三组文字的截角。

步骤 04 为了让文字效果更真实，还可继续优化。插入一根直线，设置为渐变填充（位置0%和100%透明度均为100%，位置25%和75%透明度均为35%，位置50%透明度为0%），倾斜角度为30°。按两次【Ctrl+D】组合键再生成两条一模一样的直线，并将三根直线移动至文字形状截角边缘即可，如图2-88所示。

图 2-87   图 2-88

通过将文字转化为形状，再进行变形，可以在PPT中充分发挥主观能动性，做出更多具特色外观的字体，具体如下。

（1）制作阴阳字形

按照上一步的操作方法，文字转化为形状后，复制一份，再次用特定形状对每个字进行裁切，将其分成两个部分后，分别填色。制作"汽车美容"四个字的阴阳效果，如图2-89所示。

（2）为文字赋形

文字转化为形状后，整体再与某个特定的形状"相交"，可以让文字具有这个形状的轮廓。为"吉祥如意"四个字赋形，使这四个字具有椭圆形的整体外观特征，如图2-90所示。

图 2-89   图 2-90

（3）拉伸或连通文字

　　将文字转换为形状后，右击该形状，在弹出的快捷菜单中选择"编辑顶点"命令，进入形状细节编辑状态，调整部分笔画的节点，进而使文字呈现出拉伸或连通效果。如图2-91所示，"一""冲""天"这三个字的笔画在原汉仪菱心字体基础上进行了拉伸，使文字更有艺术性。

 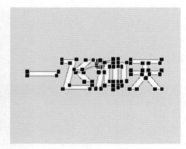

图 2-91

（4）为文字设置划痕效果

　　将文字转换为形状后，还可使用特定的形状对文字进行局部"剪除"，使原文字呈现出划痕效果。如图2-92所示的"金刚狼"三个字，便是使用三个不同的三角形进行"剪除"操作后的效果。

图 2-92

 Tips | **使用文字变形功能解决某些字体不能正常显示的问题**

很多人都遇到过某些字体中有某个文字不能正常显示的问题，这种情况可根据字形特点找到与目标字具有相同部分的其他字，然后分别转化为形状后拆分，取各部拼合成接近该字体的新字。

2.3 文字排版技巧

前文介绍了解决字体选择、字体搭配、字体艺术化等问题的方法，接下来继续讲解文字排版方面的技巧。

关键技能 021 好看又不乱，毛笔字你得这样排版

在某张幻灯片上展示一个词、一句话等少量文字信息时，我们常常会使用毛笔字。毛笔字体拥有比微软雅黑、宋体等常规字体更强的气势，但其对排版设计的要求也更高。使用得当，能极大提升页面的设计感，使用不好则会让页面显得凌乱、不协调。如何用好毛笔字体？有以下排版思路供大家参考。

1 大胆突破

毛笔字体最大的特点是具有中国书法的神韵气场，每个字的笔画都是不拘一格的。因此，在排版过程中，应尽量去打破常规，不拘于整齐，强化书法文字特点。如图 2-93 所示，标题采用了毛笔字，但因为排版过于追求整齐，简洁有余，表现力则稍显平淡。而改变成如图 2-94 所示的版式，打破整齐的页面格局，适当增大某些字的字号，调整文字位置，使之错落有致，同时改变配文的排版方式，增加英文等装饰元素，书法本身大气磅礴的气息就可以表现得淋漓尽致。

图 2-93   图 2-94

再如图 2-95 所示，标题"携手创未来"采用的是禹卫书法行书简体。排版结合该字体本身特色和页面背景的特点，对字号、字距进行了调整，让视觉聚焦于页面中间，并将毛笔书法锋芒毕露的特色很好地呈现出来，又避免了默认情况下的同一字号、字距下的乏味与零散。

图 2-95

2 保持平衡

毛笔字排版需要打破平淡，寻求突破，但这种突破又不能太过随意。突破，应是在视觉平衡的基础上的突破，确保画面拥有视觉冲击力而又不失美感。如图 2-96 所示的"高低高"聚焦中心、图 2-97 所示的"高低高低"波浪形、图 2-98 所示的双行平行上扬，字号大小、文字位置不拘一格，又有一定规范性，整体视觉效果上仍是平衡的，同时又具有一定的美感。

图 2-96 摘自小米自研芯片发布会 PPT

图 2-97

图 2-98

③ 形成整体

尽量让各字靠拢、缩小字距，甚至结合具体文字特点调整字号，进行相互嵌入式的排版，使之形成一个视觉整体，也是提升毛笔字表现力的一种排版方式。如图 2-99 所示，页面的"新征程"三个字就遵循了这一种排版方式。

④ 多元素融合

为了提升或补充毛笔字排版效果，还可以结合版式添加些小元素，与毛笔字进行融合排版，能进一步丰富版式。如图 2-100 所示，毛笔字"舌尖上的中国"下方的中英文小字与红色图章，填补了书法字排版空洞的缺陷。

如图 2-101 所示，增加矩形框，让"新起点"三个毛笔字有种破茧而出的感觉，看起来也更有设计感。

图 2-99

图 2-100

再如图 2-102 所示，"一等奖"三个字结合奖杯素材进行绕排，可以呈现出独特的效果。

图 2-101

图 2-102

关键技能 022 饶具创意的文字排版方式——词云

当我们需要在一个页面中呈现多个关键词信息时，当我们觉得页面空洞却没有合适的素材可添加时，当我们的页面需要增加些创意时，都可以考虑"词云"排版。

所谓"词云"，就如图 2-103 所示，文字按照某种形状轮廓，大小错落地堆积在一起，仅突出某些表达中心含义的文字，而无须看清楚每一个词句。

"词云"把原本零碎的文字按照一定的规则重新收拾整理，看起来非常别致。很多互联网"大厂"的产品发布会、"大咖"演讲的 PPT 中都能看到"词云"效果，如图 2-104 小米 2020 年新品发布会 PPT、图 2-105 魅族新品发布会 PPT、图 2-106 罗辑思维 2017 跨年演讲 PPT。

图 2-103   图 2-104

图 2-105   图 2-106

如图 2-104、图 2-107 所示的这种词句较少的"词云"，可采用手动输入方式制作，但要制作如图 2-105、图 2-106、图 2-108 所示的复杂的"词云"效果，可借助一些网站来实现。

图 2-107   图 2-108

制作"词云"的网站很多，如凡科词云，如图 2-109 所示。凡科词云可免费使用，外观、颜色等效果也十分丰富，还能输出高清素材图，基本能满足我们对"词云"的各种需求。比起很多设计师推荐的 WordArt，凡科词云操作界面全为中文，且支持插入中文词条，如图 2-110 所示。

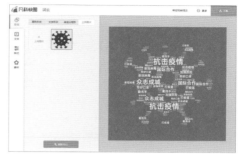

图 2-109   图 2-110

若页面文字内容过多，就容易显得拥挤、无序，看起来会非常不舒服。对于这样的页面，可从"齐""分""疏""散"四个排版关键点入手进行优化。

1 齐：选择合适的对齐方式

在 PPT 中，段落主要有"左对齐""右对齐""居中对齐"三种对齐方式。同一页面中对齐方式一般是统一的，具体到每一个板块的对齐方式，还应根据整个页面的图、文等混排情况选择，使段落既符合逻辑又美观，如图 2-111、图 2-112、图 2-113 所示。

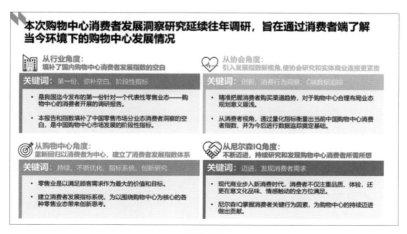

图 2-111

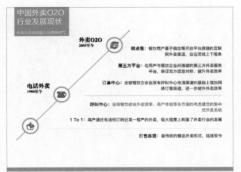

图 2-112   图 2-113

 Tips **竖排文字的对齐方式**

在 PPT 界面"开始"选项卡"段落"工具组中，通过"文字方向"按钮可设定文字"横排""竖排""按指定角度旋转排列""堆积排列"。竖排文字时，左对齐即顶端对齐，右对齐即底端对齐，居中对齐即纵向居中对齐。设计中国风 PPT 时，常用竖排文字。

"两端对齐"的效果和左对齐类似，只是当各行字数不相等时，"两端对齐"会强制将段落各行（除最后一行外）的两侧都对齐，使段落看起来更美观。如图 2-114 所示，左对齐显得紧凑，两端对齐则要疏朗一些，从右边界线处可见两种对齐方式的差别。

"分散对齐"则是包含最后一行在内，让段落的每一行的两端都对齐。这种对齐方式在表格中使用时，能够让一列数据两端强制对齐，使表格更美观。如图 2-115 所示，设置了分散对齐的最末行的字距将自动调整，强行使之与段落最右端对齐。

图 2-114   图 2-115

② 分：厘清逻辑做拆分

将段落根据内容结构有意识地进行分解，使观众能够更直观地进行阅读和理解。并列关系的内容可以用项目符号来分解、标记，先后关系的内容可以用编号来分解、标记。

通过"项目符号和编号"对话框，可以自由设置项目符号的样式（样式可以是系统字库的符号，也可以是某张图片）及编号的起始编号、编号颜色，如图 2-116 所示。

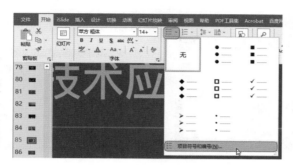

图 2-116 项目编号符号

用项目符号表现图上各价值为并列关系，如图 2-117 所示，用项目编号表现图上步骤的先后关系，如图 2-118 所示。

图 2-117　　　　　　　　　　　　　　　　　　图 2-118

对于已设定项目符号和编号的段落文本，使用"开始"选项卡下"段落"工具组中的降低 / 提高列表级别按钮，还可随时调整层次关系，如图 2-119 所示，界面上线框圈出的两个按钮即为降低 / 提高列表级别按钮。

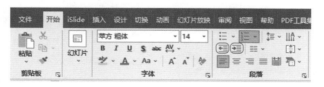

图 2-119

3　疏：留出合适的行距

调整合适的段落行距，让文字内容由紧密变得相对疏松，避免行距过小、文字密密麻麻，影响阅读。PPT 中有单倍行距、1.5 倍行距、双倍行距、固定值、多倍行距 5 种行距设置方式。插入的文本框段落，一般默认行距为单倍行距，若需改变行距，可通过"段落"工具组中的行和段落间距按钮调整，或在段落对话框进行设置，如图 2-120、图 2-121 所示。

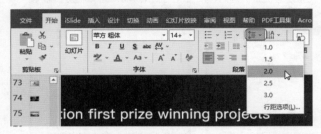

图 2-120 行距设置按钮　　　　　　　　　　图 2-121 段落对话框

单倍行距：以当前行内文字中最大一个字号的一半高度作为行间距，如图 2-122 所示。

固定值行距：行间距为某个固定的值，如 25 磅，如图 2-123 所示。设置固定值行距的段落，行距不会因为字号的改变而改变。因此，原本设置至合适的行距，若对字号进行了调整，行距的磅值也可能需要重新设置。

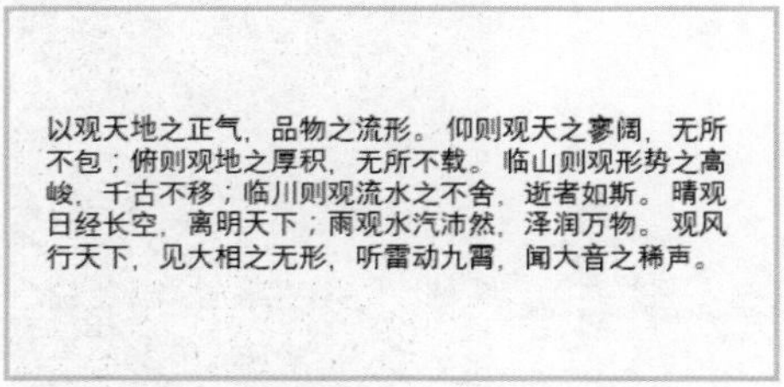

图 2-122 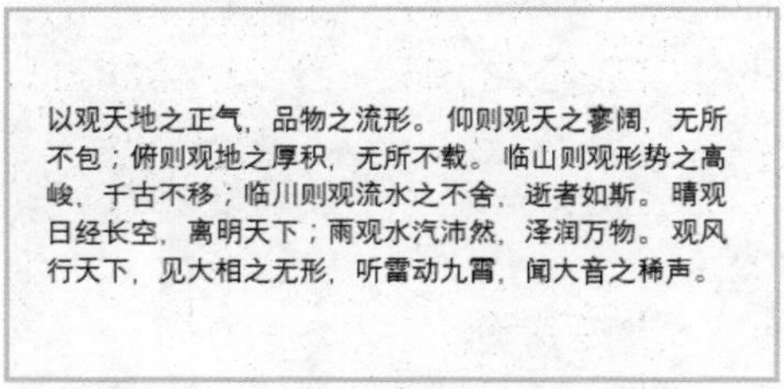　　　　　　　　　　　　　　　图 2-123

1.5 倍行距：指行距为当前行内文字中最大一个字号一半高度的 1.5 倍距离，如图 2-124 所示。

双倍行距：指行距为当前行内文字中最大一个字号一半高度的 2 倍距离，如图 2-125 所示。

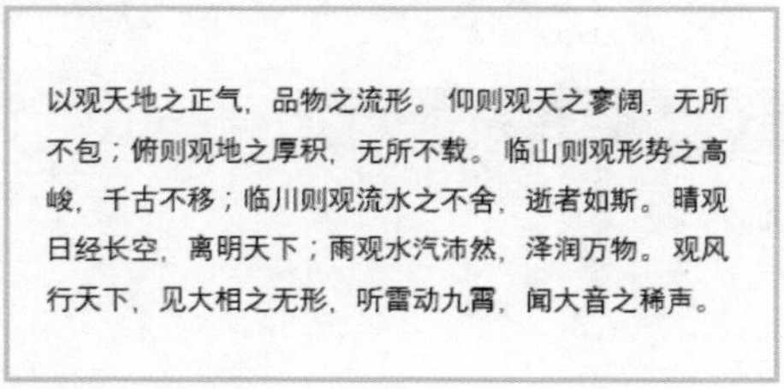

图 2-124 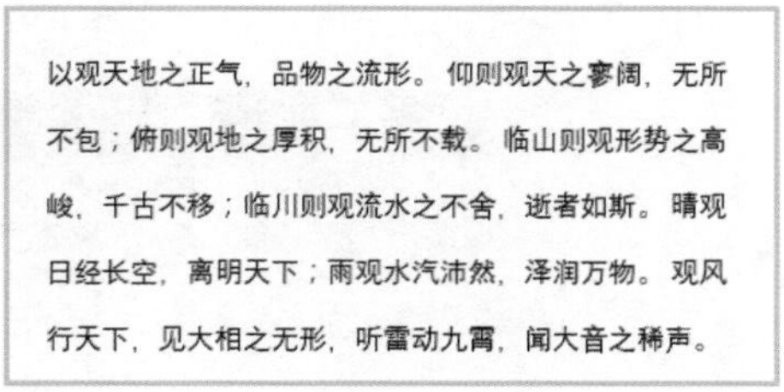　　　　　　　　　　　　　　　图 2-125

多倍行距：指行距为当前行内文字中最大一个字号一半高度的指定倍数距离，如图 2-126 为 3 倍行距。多倍行距支持 1.3、2.2 这样的非整数倍值。

不同字体下，不同行距的视觉效果也不同。一般来说，单倍行距会略显拥挤，在文字较少的情况下，建议采用 1.3~1.8 倍行距，段落会显得更有美感。

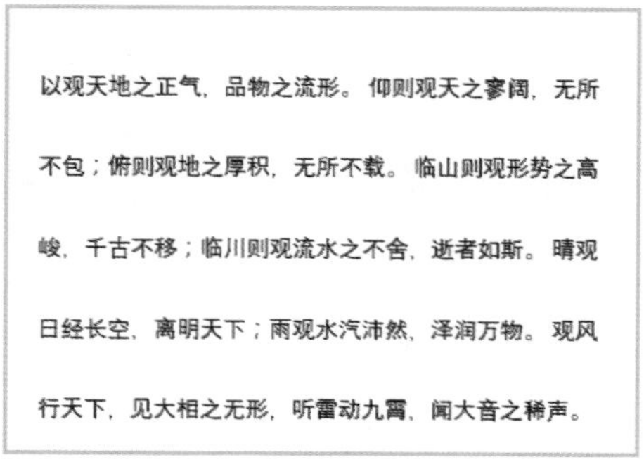

以观天地之正气，品物之流形。仰则观天之寥阔，无所
不包；俯则观地之厚积，无所不载。临山则观形势之高
峻，千古不移；临川则观流水之不舍，逝者如斯。晴观
日经长空，离明天下；雨观水汽沛然，泽润万物。观风
行天下，见大相之无形，听雷动九霄，闻大音之稀声。

图 2-126

④ 散：合理拆分与整合

基于内容将各个段落分散开来，拆分再整合，更自由地排版布局，可以使页面更具活力。如图 2-127 所示的正文内容，版式过于普通，如同 Word 文档；将文本框内三段文字分解成三个文本框后，便可对这页 PPT进行如图 2-128、图 2-129、图 2-130 所示的改造，视觉效果大不相同。

图 2-128 是卡片式布局，将每段小标题突出，如同卡片标签，增加层次感，放映时不会给观众过大的阅读负担，以免观众丧失继续阅读的兴趣。

图 2-129 是交错式布局，将各段内容交叉排列，打破从左到右的固化阅读方式，给观众一些新鲜感，也使每一点的内容都更清晰、更有条理。

图 2-130 是切块式布局，改变常规的横向排版方式，将每一段内容切割成块状，形成纵向阅读的视觉效果，并提升了每一个小标题的阅读优先级别。

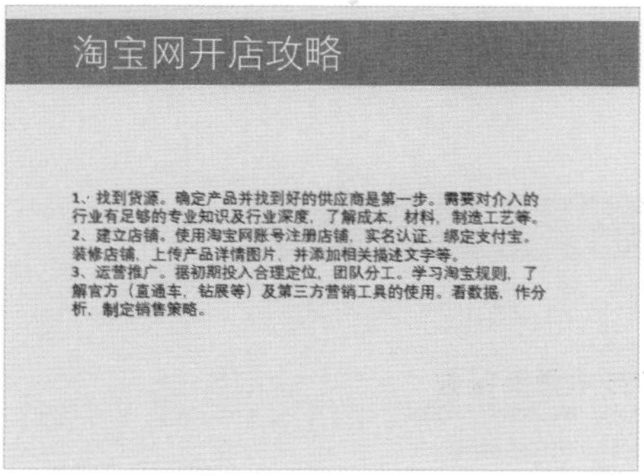

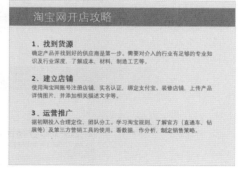

图 2-127   图 2-128

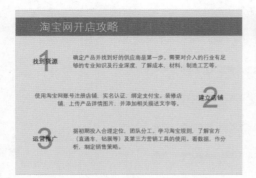

图 2-129

图 2-130

关键技能 024 妙啊！ Word 内容快速分页插入 PPT

制作 PPT 时，很多人可能会先在 Word 中编辑好文字内容，再逐页复制到 PPT 中配图、排版。内容较少时，这样的操作不会有太大问题，但若 Word 文档内容非常多，有几十页甚至上百页时，这种操作方式就显得有些费时费力。这种情况下，可通过"从大纲新建 PPT"的方式，将 Word 文档直接转化为 PPT，无须手动复制粘贴，即可将内容快速分页插入 PPT。具体操作方法如下。

步骤 01 在 Word 文档中，依次单击"视图"选项卡下的"大纲"按钮，进入大纲视图模式，如图 2-131 所示。

图 2-131

步骤 02 在大纲视图下，按住【Ctrl】键的同时，选中所有作为 PPT 标题的文字，在大纲级别中将这些文字设置为"1 级"；同理，选中所有作为各页正文的文字，在大纲级别中将其设置为"2 级"，然后保存并关闭该 Word 文档（若正文中还包含更小的级别，可参照此方法继续设置更多大纲子级别；需要注意的是，各页的标题都须设为"1 级"，而不是只将封面标题设为"1 级"），如图 2-132 所示。

图 2-132

步骤 03 新建演示文稿并打开，依次单击"开始"选项卡"新建幻灯片"按钮，单击"幻灯片（从大纲）"命令，在弹出的"插入大纲"对话框中，选择刚刚保存的 Word 文档，单击"插入"按钮，如图 2-133 所示。

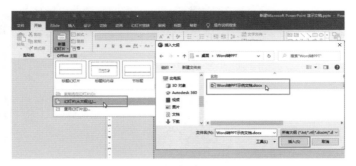

图 2-133

随后，PowerPoint 将自动读取 Word 中的大纲级别设定，并据此建立 PPT 文档，Word 文档中的内容就自动分页插入 PPT 中，如图 2-134 所示。

图 2-134

PPT找图与用图的16个关键技能

3.1 找图有门道

在信息丰富的世界里，唯一稀缺的就是人类的注意力。互联网已然改变了人们的阅读习惯，各种内容都在努力迎合这种阅读习惯的变化，力求以简洁、高效的方式呈现。

在 PPT 中插入图片，能够让诉求更直观地呈现，可谓是提高 PPT 生动性、易读性最为直接、简单的方法。由于版权问题越来越受到社会关注，如何找到清晰、符合要求且无版权争议的图片，是 PPT 制作过程中无法回避的问题。本节将围绕 PPT 找图为大家介绍一些实用技巧。

 Tips

> **PPT 支持的图片格式**
>
> PPT 几乎支持插入所有格式的图片，如常见的 JPG、PNG、BMP。GIF 动图在 PPT 中能够保留其动态效果，一些特殊动效借助 GIF 图片来展现，有时能达到事半功倍的效果。SVG、EMF、WMF 类型的图片在 PPT 中能够保留其矢量特性，放大后依旧保持清晰，还可更改填充颜色，丰富了 PPT 中各种图形的形式。

关键技能 025 别只会用百度，专业搜图用这四个网站

做 PPT 时，用百度搜出来的图，来源五花八门，是否有侵权风险不甚明了，且质量往往不高。其实，专业设计师找图一般都不会首先考虑百度，而是优先到一些专业的图片素材网站搜索。专业图片素材网站图片多、质量高、版权清晰，使用这类网站找到的图片，可以显著提高 PPT 的质量。

当然，很多专业图片素材网站都需要付费下载，如视觉中国、全景图库，但也有支持免费下载且图片质量不错的网站，具体如下。

① pixabay

pixabay 是面向全球的素材网站，其首页如图 3-1 所示。该网站图片素材多，且质量超高，同时全部免费，不管是个人使用还是商用都不用担心侵权问题。除了图片素材，在该网站上还有插画、视频、音乐素材，在首页搜索框中可以轻松搜索制作 PPT 时需要的各种素材。

图 3-1 pixabay 首页

使用该网站时，可以依次单击页面右上角"Explore"旁的 ∨ 符号→"Language"→"简体中文"，将网站语言切换为简体中文，使用起来更方便，如图 3-2 所示。

Pixabay 要求网站注册用户方可下载图片，因此，在开始搜索前，可以先单击右上角"join"链接，注册并登录网站，如图 3-3 所示。

图 3-2

图 3-3

在该网站搜图时用中文、英文搜索效果基本是一样的，通过搜索关键字找到想要的图片后，单击图片右侧的"免费下载"按钮即可下载，下载的图片精度还可以根据需要进行选择，如图 3-4 所示。

图 3-4

 Tips ┃ **PPT 中的图片多大合适？**

在未压缩的状态下，图片素材精度越高，PPT 文件就越大，读取、开启、保存 PPT 的时间越长，对计算机的性能要求也就越高。因此，如果不需要用大屏演示，一般图片大小建议为 1~2M、确保清晰即可，没必要用精度过高的图片。

② Pexels

如图 3-5 所示，该网站同样是面向全球的素材网站，素材多、质量高、免费可商用，使用方法与 pixabay 类似，且搜索响应速度更快。使用中、英文搜索结果有差别，建议分别搜索，不至于错过图片素材。

图 3-5

3 Piqsels

如图 3-6 所示，就像网站首页写的那样，这是一个免费的图库，个人使用和商用均可免费，中、英文搜索响应速度都不错，且无须注册即可下载。

图 3-6

4 StockSnap

如图 3-7 所示，该网站聚合国外 43 个免费图片素材网站内容，素材十分丰富，支持多个关键词搜索，同样无须注册即可下载，无须担心版权问题。建议使用英文词汇搜索，但响应速度、网站稳定性一般。

图 3-7

关键技能 026 值得收藏！四个宝藏级 PNG 图片网站

在 PPT 中，无底色图片能够给页面排版以更大的灵活性，带来更好的设计感，如图 3-8 所示，使用无背景的鲨鱼图片，在 PPT 中排版，自由度更高，可做出更多有设计感的页面。如图 3-9 所示，使用有海洋背景的鲨鱼图片时，排版时就有很多限制，不容易打破常规，设计感大打折扣。

图 3-8

图 3-9

我们知道，无背景的图片一般为 PNG 格式的图片，这种图片我们可以通过 Photoshop 等专业软件抠图获得，也可直接从网上下载。从网上下载时，同样需要注意版权问题。下面给大家推荐四个专业的 PNG 素材网站，让大家能轻松获得高质量、无版权争议的 PNG 图片。

（1）PNGIMG

如图 3-10 所示，这个网站拥有近 10 万张 PNG 图片，各种类型几乎都能找到。可通过英文关键词搜索，也可通过类别进行查找。找到图片后，右击图片，在弹出的快捷菜单中选择"图片另存为"即可下载使用。

（2）PNG MART

如图 3-11 所示，该网站素材覆盖动物、食物、办公物品、交通工具等，可作为 PNGIMG 的补充，可通过英文关键词搜索和类别查找找到需要的图片。

（3）freePNGs

如图 3-12 所示，该网站素材库十分强大，特别是基于真实照片抠取的 PNG 图片尤其丰富。通过类别一级一级地筛选，可以很方便地查找到同类型的图片。

（4）觅元素

如图 3-13 所示，如果需要辅助元素，这个网站能够满足你的需要。网站"免抠元素"专栏有"图标""漂浮""动植物"等多种素材类型，使用 QQ 号登录，每月可免费下载 5 张图。

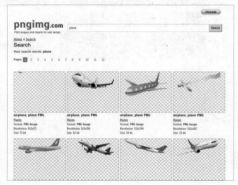

图 3-10

图 3-11

图 3-12

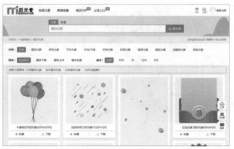

图 3-13

通过一些小图标，我们可以将 PPT 中描述性的文字内容转为图示，使 PPT 更直观、更好理解，如图 3-14 所示，页面右侧通过大量小图标，展现了"手机为中心，全场景延伸"这一概念，万物互联一目了然。另外，使用小图标素材也可以丰富页面，提升设计感，如图 3-15 所示，为页面中两个板块内容分别增加小图标，形成符号化的内容类别区分点，避免页面全是文字的单调、枯燥。

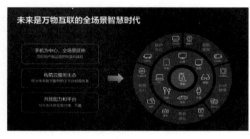

图 3-14

图 3-15

很多人都知道小图标好用，却因无法找到素材而放弃。其实，网上有很多专业 ICON 网站，在这些网站能够免费下载各种各样的小图标素材，足以满足日常 PPT 制作过程中各种内容表达的需要，这里给大家推荐以下 3 个网站。

（1）阿里巴巴矢量图标库

如图 3-16 所示，这个网站是阿里巴巴打造的矢量图标共享平台，拥有极其丰富的图标、插画素材，使用新浪微博账号登录后即可搜索、免费下载。下载时选择 SVG 格式，插入 PPT 后，还能根据页面排版需要更改颜色或进一步编辑图片节点，如图 3-17 所示。

图 3-16

图 3-17

（2）字节跳动图标库

如图 3-18 所示，网站是字节跳动官方矢量图标共享平台，和阿里巴巴矢量图标库一样，既有丰富的图标素材，无须登录即可搜索、下载，下载前还可对图标大小、线条粗细、图标风格、颜色等进行调整，使用起来非常方便。

图 3-18

 Tips | **PPT 中小图标的使用技巧**

使用小图标时需要注意风格一致，使 PPT 看起来更和谐、更专业，呈现出的效果更好。

一份 PPT 内若有一张线性风格图标，则整份 PPT 内小图标最好都用线性风格图标，尽量避免混用。

（3）IcoMoon 图标库

这是国外优秀的图标素材网站，无须登录即可下载。

进入网站后单击页面右上角的 IcoMoon App 按钮，如图 3-19 所示。进入图标页面即可搜索或选择图标，可多选。选择一个或多个合适的图标后，单击页面下方的"Generate SVG&More"按钮，即可进入下载页面将图标下载到计算机中，如图 3-20 所示。

图 3-19

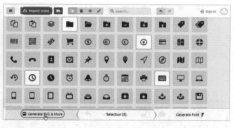

图 3-20

乍一看你可能会觉得该网站提供的图标素材十分有限，其实单击页面下方的"Add Icons From Library"链接，可看到各种风格的图标包（部分需付费），如图 3-21 所示。

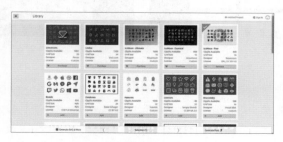

图 3-21

关键技能 028 让截图更带感！样机素材到这两个网站找

当我们需要在 PPT 中展示计算机、手机的某个界面时，可以先截图，再添加相应的样机素材，这样会更有美感，如图 3-22 和图 3-23 所示。

像这样的样机素材并不需要我们会用 Photoshop 等专业的图像处理软件，也不必费时去找相应图片抠图，直接在专业样机网站找现成的素材即可，推荐下面两个网站。

图 3-22

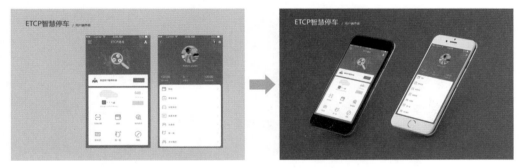

图 3-23

1 MockupPhotos

该网站包含各种各样的手机、计算机、电视等样机，且既有空场景也有真实场景，足以满足我们对样机的各种需求。

使用时，先单击页面右上角的"Sign up"链接，完成注册；然后将鼠标指向页面左上角的"Browse all"，如图 3-24 所示，选择"Digital"列表中的样机类别，如"MacBook/Pro"；在跳转到的样机页面中单击想要的某个样机图，进入编辑界面；单击样机区域，单击"Upload Image"上传你的界面图；样机图自动生成后，就可以单击"Download now"按钮将图片下载到计算机，插入 PPT 即可使用，如图 3-25 所示。

图 3-24   图 3-25

② Mockups

如图 3-26 所示，该网站与 MockupPhotos 风格不同，Mockups 的样机更纯粹，适合用在原本就有背景图或背景色的页面当中，可作为 MockupPhotos 素材的补充。该网站界面简洁明了，操作起来非常简便。

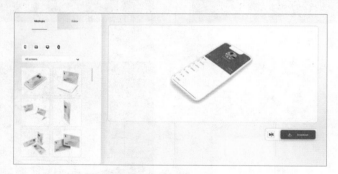

图 3-26

广义的样机素材不只是手机、计算机、手表、电视等数码产品，手提袋、形象墙、广告海报、杯子等也都有相应的样机素材。当我们在 PPT 中展示企业形象时，也可以考虑用样机呈现。这类样机可以在摄图网、包图网等专业素材网站获取，使用这类素材需要我们掌握 Photoshop 的基本操作方法。

关键技能 029 酷！在这些网站可获取有冲击力的背景图

或许有读者看到过如图 3-27 所示的小米 11 发布会上的这页 PPT，这种"万箭齐发"的背景，能够把视觉焦点定位到页面中心，让重点内容得到更多关注，画面也非常有冲击力。

这样的背景图片素材是在哪里找到的呢？其实这种图片并不是在素材网站下载的，而是利用专业的在线炫图制作网站 wangyasai.github.io/Stars-Emmision 制作出来的。

打开该网站后，在页面右上角的工具栏简单调节颜色、速度、密度等参数，就能生成一张符合我们自己需求的"万箭齐发"背景图，单击"save"即可下载使用。

图 3-27   图 3-28

像这样的炫图制作网站还有很多，比如使用如图 3-29 所示的网站，能够生成时下流行的"low-poly"背景，制作出如图 3-30 所示的 PPT 页面背景。

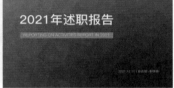

图 3-29   图 3-30

使用如图 3-31 所示的网站，能够生成渐变波浪形背景，从而制作出如图 3-32 所示的 PPT 页面背景。

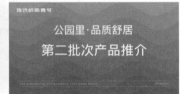

图 3-31   图 3-32

使用如图 3-33 所示的网站，能够生成"黑客帝国"式文字滚动背景，制作出如图 3-34 所示的 PPT 页面背景。

图 3-33   图 3-34

还有如图 3-35 所示的网站，可一站式下载"low poly""科技感线条"、渐变色、波浪线等常用的炫酷背景图片。

图 3-35

关键技能 030 搜索不到合适的图？用这些方法再搜搜

使用搜索引擎搜不到合适的图，可能是因为搜索引擎本身的资源局限，也可能是我们没有真正用好它。搜图时，有以下几点使用建议。

① 用好关键词

对于抽象的需求，可以多联想具象化的事物作为关键词。比如找"开心"主题的图片，可尝试使用"笑脸""生日派对""获胜"等关键词，如图 3-36、图 3-37 所示。对于具象的需求，可以联想抽象词汇作为关键词搜索。比如要找"站在山顶俯瞰"的图片，可以尝试使用"攀登""山高人为峰""登峰""成功"等关键词搜索。

总而言之，用关键词找不到合适的图片时，尝试换个角度，联想更多词汇反复搜索、组合搜索，就可能找到自己需要的图片。

如果用中文关键词找不到合适的图片，可以尝试将中文关键词翻译成英文搜索，或许就能"柳暗花明又一村"，例如，找"友谊"相关的图片，换成"friendship"来进行搜索。

图 3-36

图 3-37

各个搜索引擎搜索结果不尽相同，除了百度，我们还可以使用微软必应或搜狗浏览器搜索，如图 3-38、图 3-39 所示。

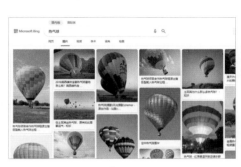 

图 3-38 　　　　　　　　　　　　　　　　　图 3-39

百度、360、搜狗等引擎都有以图搜图的功能，通过已有的某张图片可以更精确地找到相同或类似的图片，如图 3-40 所示。当你有一张带水印或小尺寸的图片，想找无水印或大尺寸的图片时，可以通过以图搜图的方式来找。

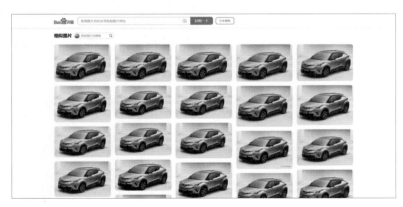

图 3-40

3.2 用图有讲究

前文分享了很多找图片的方法，接下来，介绍用图方面的技巧。

关键技能 031 千万别用！这五种图会让你的 PPT 垮掉

在用图方面，要注意不能滥用图片，有时宁可无图，也不能用一些"问题图"，以免拉低 PPT 的品质，甚至带来不必要的麻烦。

（1）莫名其妙的图

有些新手喜欢按个人喜好在 PPT 中随意添加图片，如图 3-41、图 3-42 所示，小猫图片和花朵图片与主题无关或联系不大，"驴唇不对马嘴"，非常影响 PPT 的美感。

图 3-41

图 3-42

（2）含有水印的图

从网上下载的图片有时会带有水印，这样的图片插入 PPT 后，不仅影响阅读，也给人一种"盗图"的感觉，显得很不专业，如图 3-43 所示。当不得不用这张图片时，最好也先使用 Photoshop 等图片处理软件将水印去除。

图 3-43

（3）模糊不清的图

使用模糊不清的图会使观众觉得你并没有认真对待这份 PPT，从而丧失阅读的兴趣。在专业图片素材网站下载原图一般都能保证清晰度，使用搜索引擎搜图时，则可提前筛选大尺寸、超大尺寸的图片，保证搜索到的图片素材的清晰度，如图 3-44 所示。

图 3-44

（4）变形失真的图

圆形变成椭圆形，人物变得比楼宇还高……被拉扯变形、失真的图片也会让 PPT 有劣质感，应尽量避免使用。另外，在 PPT 中更改图片大小时，要注意锁定纵横比，确保图片等比例缩放，单纯改变图片的长度或宽度也会导致原本正常的图片扭曲变形。锁定纵横比调整图片大小的方法如图 3-45 所示。

图 3-45

5　使用侵权图

随着时代的进步，版权观念越来越深入人心，滥用有版权声明的图片或使用可能侵犯他人肖像权的图片，不仅会让 PPT 显得不专业，在商业用途下甚至有被追责的风险。在下载图片时，应多留心图片所有人的版权声明，尽量少用来源不明的图。如图 3-46 所示，这是全景图库素材网站的图片下载页面，图片右侧明确注明了版权信息，下载时需要留意这些信息。

图 3-46

在 PPT 中插入图片的方式很多，学会熟练运用多种图片插入方式，在制作 PPT 时便可根据实际情况进行灵活选择，提高 PPT 制作效率。

（1）通过插入图片按钮插入图片

通过插入图片按钮插入图片是新手最常用的方式，方法是单击"插入"选项卡下方的"图片"按钮，选择"此设备"，打开"插入图片"对话框，即可计算机中插入图片，如图 3-47 所示。这种方式能一次插入一张或多张图片到某一页幻灯片内，操作的步骤相对较多。

图 3-47

（2）通过拖入方式插入图片

将某个文件夹中的图片直接拖入 PPT 窗口，释放鼠标，图片便可插入 PPT。

这种方式能一次插入多张图片，且操作步骤少，简单高效，但一次拖入的多张图片仅能插入一张幻灯片。若要将这些图片分别放在不同的幻灯片页中，还需在 PPT 中对图片逐一进行剪切、粘贴，操作略显烦琐。

（3）通过"复制""粘贴"快捷键插入图片

在文件夹中复制要插入的图片，然后切换到 PPT 窗口，按下【Ctrl+V】组合键，即可将图片粘贴到幻灯片中。这种插入图片的方式操作步骤较少，简单高效。

在 Word 文档、其他 PPT、网络复制图片后插入幻灯片，还可以按下【Ctrl+Alt+V】组合键进行选择性粘贴，转换图片格式后插入幻灯片中，如图 3-48 所示，"选择性粘贴"对话框列出了可转换的图片格式。

图 3-48

（4）通过"更改图片"的方式插入图片

在 PPT 中右击某张图片，在弹出的快捷菜单中单击"更改图片"命令，可用计算机中的其他图片替换掉当前图片，如图 3-49 所示。以这种方式插入图片，新图片会继承已经设定好的版式、动画效果等，比插入图片后重新调整版式、添加动画效果要方便得多。

图 3-49

（5）通过"图片填充"的方式插入图片

在设置形状属性时，将图片以"图片填充"的方式插入 PPT，即插入某个形状后，在设置图片格式对话框中选择"图片或纹理填充"，单击"图片源"下的"插入"按钮，从计算机中找到要插入的图片插入即可，如图 3-50 所示。这种插入方式可让被插入的图片具有已插入的形状的外观，如圆形、六边形、立方体等，如图 3-51 所示。

图 3-50

此外，利用这种插入方式，对有多张小图的页面进行排版时，可先以某个矩形代替图片进行排版，待版式排好后，再逐一填充图片。这样，无论原图是否大小、尺寸是否一致，最终都能自动按已排好的版式、大小插入，如图 3-52 所示。

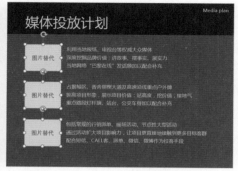

图 3-51   图 3-52

（6）通过"相册"的方式插入图片

PPT 中的插入"相册"功能，即将多张图片像相册一样，按照一页一张（或指定张数）的方式快速插入新建的 PPT 文档中。在需要插入大量图片到当前 PPT，且必须是一张（或指定张数）图占一页幻灯片时，使用这种方式插入图片，效率会高得多。具体操作方法如下。

步骤 01 单击"插入"选项卡下的"相册"按钮，如图 3-53 所示，打开"相册"对话框。

步骤 02 在"相册"对话框中，单击"文件/磁盘"按钮，选择要插入的所有图片并导入，调整好图片的排列顺序，设置图片版式为"适应幻灯片尺寸"，单击"创建"按钮，如图 3-54 所示。这样就新建了一个相册 PPT，在这个 PPT 中，图片将按照指定的顺序以一页一张图的方式排版。

图 3-53   图 3-54

接下来只需在相册 PPT 中选中所有页面，按下【Ctrl+C】组合键复制，进而切换到要插入这些图片的原 PPT，在指定位置按【Ctrl+V】组合键粘贴即可。

关键技能 033 **原来是这样！PPT 中更改图片透明度的方法**

有时，为了让某个图片素材与背景更协调，我们需要对图片的透明度进行调整，但由于 PowerPoint 没有调整图片透明度的选项，很多人并不知道在 PPT 中如何调整图片透明度。

其实只需将图片转化为可调透明度的形状便可解决这个问题，具体操作方法如下。

步骤 01 选中已插入 PPT 的矩形（提前将其比例设置得与要插入的图片相同），单击"格式"选项卡中的"形状填充"下拉按钮中的"图片"按钮，打开"插入图片"对话框，选择"来自文件"选项，将计算机中的图片填充至形状中，如图 3-55 所示。

步骤 02 右击图片，选择"设置图片格式"命令，即可在"设置图片格式"对话框中，通过滑块设置图片的透明度，如图 3-56 所示。

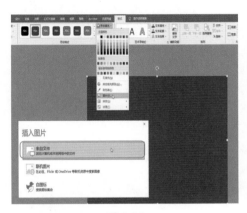 

图 3-55   图 3-56

除调整图片透明度外，还可通过改变 PPT 页面背景颜色，达到使图片重新着色的效果，如图 3-57 所示。

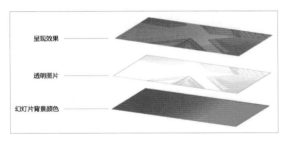

图 3-57

关键技能 034 别小看它！PPT 其实也可以抠图

一些简单的抠图，其实并不需要通过 Photoshop 来完成，PPT 里的"删除背景"就能帮我们去除图片背景，且效果也不差。具体的操作方法如下。

步骤 01 选中图片后，单击"格式"选项卡下的"删除背景"按钮，进入抠图状态，如图 3-58 所示。在该状态下，紫色覆盖的区域为删除区域，其他区域为保留区域。

步骤 02 使用"背景消除"选项卡下的"标记要保留的区域"和"标记要删除的区域"两个工具，在图片上画出轮廓，使要保留的人物轮廓不被紫色覆盖，让所有背景区域（黑色部分）被紫色覆盖，如图3-59所示。

图 3-58   图 3-59

步骤 03 完成后，单击图片外任意区域，退出"删除背景"状态，抠图就完成了，如图3-60所示，原本黑色的图片背景就被去除了。

　　"删除背景"的抠图效果不如 Photoshop 那么精细，可通过添加图片边框（围绕保留区域添加任意多边形，取消填充色，设置边框的颜色及粗细程度，如图3-61所示）的方式来弥补细节上的缺陷。

图 3-60   图 3-61

 Tips ┃ **使用"设置透明色"抠图**

　　调整图片颜色时有个"设置透明色"工具，使用该工具单击图片中某个颜色，图片中该颜色的部分即被去除。对于某些背景色和要保留的区域颜色差别很大、对比明显的图片，可以通过将背景色设为透明色的方式来抠图。不过，当图片的背景色与要保留区域颜色相近，或要保留区域内有大片颜色与背景色一致时，用这种方式抠图，效果就不太理想了。

关键技能 035 ┃ **图片转线稿！"发光边缘"效果还能这样用**

　　在 PPT 中也有一个类似 Photoshop 中的"滤镜"的功能，即"艺术效果"。选中图片后，单击"格式"选项卡下的"艺术效果"选项，选择某个效果，图片就会发生相应的变化。

　　值得一提的是，利用"艺术效果"中的"发光边缘"效果，可将图片转为单一色彩的线条画，如图3-63所示。

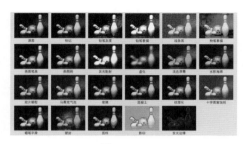

图 3-62

图 3-63

将图片转线稿的具体操作方法如下。

步骤 01 选中待转化的图片,在"设置图片格式"对话框的"图片更正"选项中,将图片的清晰度、对比度均调整为 100%,如图 3-64 所示。

步骤 02 单击"格式"选项卡下的"颜色"按钮,将图片重新着色为黑白 75%,效果如图 3-65 所示。

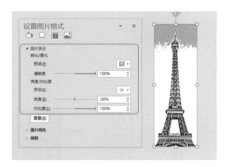

图 3-64

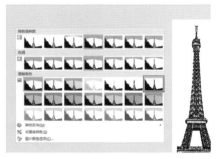

图 3-65

步骤 03 继续选择"艺术效果"为"发光边缘",让原黑色部分反白,如图 3-66 所示。

步骤 04 设置透明色,更换图片中的黑色背景,线条画效果初步完成,如图 3-67 所示。

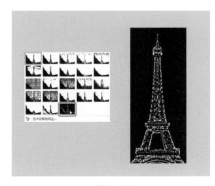

图 3-66

图 3-67

步骤 05 按下【Ctrl+X】组合键，将图片剪切，再按下【Ctrl+Alt+V】组合键打开"选择性粘贴"对话框，将图片转换为 PNG 图片，然后将图片亮度设置为 100%，如图 3-68 所示。经过上述设置，一张无底色的线条画就做好了。此时，我们还可根据需要为线条画添加背景色，也可以对其进行重新着色，如图 3-69 所示。

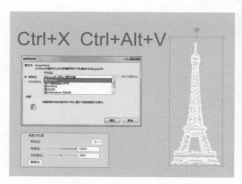

图 3-68

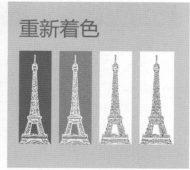

图 3-69

背景不是特别复杂的图片都可以用这样的方法转化为线条画。需要小图标素材时，也可以用这种方式来制作，如图 3-70 所示。

图 3-70

关键技能 036 高级裁剪法，让图片更有设计感

在 PPT 中，为了让图片展示的重点更突出，或让图片更方便排版布局（多张图片尺寸统一），不免要对图片进行裁剪。选中图片后，单击"格式"选项卡下的"裁剪"按钮，该图片就进入了裁剪状态，图片的四边及四角都出现了裁剪图片的控制点，如图 3-71 所示。

将鼠标置于控制点上，按住鼠标拖动控制点即可裁剪图片。和调整图片大小一样，拖动控制点的同时按住【Ctrl】键和【Shift】键可对称、等比例裁剪图片。图片裁剪完成后，还可再次单击"裁剪"按钮，返回图片裁剪状态，此时，可以看到原图分成了被裁剪区域和保留区域两个部分，被裁剪区域显示为半透明的灰色，调整原图的 8 个放大缩小控制点及其角度旋转控制点，仍然可以对原图进行移动、缩放、旋转操作，以调整裁剪后的保留区域。

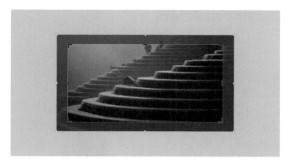

图 3-71

默认的这种图片裁剪方式外，在"格式"选项卡的"裁剪"按钮下，我们还可以选择"裁剪为形状""按比例裁剪"两种裁剪方式。"裁剪为形状"即将图片的外形变成某个形状；"按比例裁剪"包含 1:1、2:3、3:2，方形、纵向、横向等多种裁剪比例，可将图片精确裁剪至指定比例大小。如图 3-72 所示，此为裁剪为心形的图片；按 1:1 的比例裁剪后的图片如图 3-73 所示。灵活使用图片裁剪功能，能让页面排版更有设计感。

图 3-72   图 3-73

上述裁剪方式相对较为常用，下面再介绍一种不常用却很实用的裁剪方式——通过形状与图片"相交"裁剪。

PPT 的"格式"选项卡提供了一组"合并形状"工具，其中的"相交"命令也能帮助我们裁剪图片。具体操作方法如下。

选中图片，再选中遮盖在图片上的形状，进而单击"格式"选项卡中的"合并形状"下拉按钮，工具组中的"相交"命令，即可将被形状遮盖的图片部分裁剪出来。如图 3-74 所示。

这种方式比起直接将图片裁剪为形状有两个优势：一是可以预先编辑形状，如等比例的圆、等比例的心形，以及绘制预置形状中没有的图形等（使用"图片裁剪为形状"方式裁剪图片，裁剪后还需调整比例才能裁剪为等比例的形状）；二是更方便指定原图需要保留的位置（调整形状覆盖图片的区域即可），且裁剪之后仍然可以单击"裁剪"按钮，返回裁剪状态，改变图片保留区域的状态。通过形状与图片"相交"裁剪得到的具有艺术化边缘感的图片如图 3-75 所示。

图 3-74

图 3-75

　　相信读者朋友们都看到过如图 3-76 所示的图片墙幻灯片，在一页幻灯片中整整齐齐地排列大小统一的大量的图片，非常适合展现团队面貌、工作回顾等内容。

图 3-76

　　制作这样的页面时，如果要一张一张地插入图片，再调整尺寸，进而对齐排列，必定要消耗我们大量的时间。利用表格布局、表格格式转换和图片域插入图片，则要简单得多。以插入 100 张图片为例，具体操作方法如下。

步骤 01 单击"插入"选项卡下的"表格"按钮，在下拉菜单中选择"插入表格"命令，在弹出的对话框中，将行数和列数值分别设置为"10"，然后单击"确定"按钮，如图 3-77 所示。

步骤 02 调整插入的表格使其填充满整个页面，然后选中表格，单击"表格工具"的"设计"选项卡下的"边框"按钮，选择"无框线"，如图 3-78 所示。

步骤 03 选中表格，按下【Ctrl+X】组合键剪切表格，再按下【Ctrl+Alt+V】组合键打开选择性粘贴对话框，将表格粘贴为"图片（增强型图元文件）"格式，如图 3-79 所示。

步骤 04 选中转换为图片格式后的表格，按下【Ctrl+Shift+G】组合键取消组合，再重复操作一次，就得到了 100 个等大的矩形，如图 3-80 所示。

图 3-77

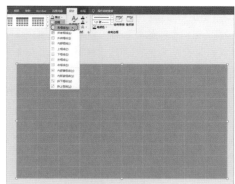

图 3-78

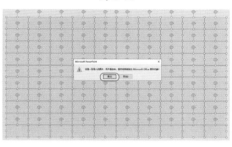

图 3-79

图 3-80

步骤 05 删掉99个矩形,只保留左上角1个,并按下【Ctrl+X】组合键剪切矩形,进而单击"视图"选项卡下的"幻灯片母版"按钮,如图 3-81 所示。

步骤 06 在空白母版中按下【Ctrl+V】组合键粘贴矩形,然后单击"幻灯片母版"选项卡下的"插入占位符"下拉按钮,单击"图片"按钮,按照矩形大小画一个图片占位符(可切换至"格式"选项卡,对照矩形的宽度、高度,精细调节图片占位符尺寸),如图 3-82 所示。

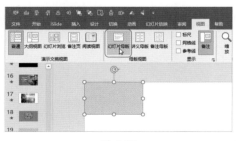

图 3-81

图 3-82

步骤 07 接下来横向复制10个同样的图片占位符(利用【F4】键"重复上一步操作"的方法可快速复制)。同理,选中这10个图片占位符,再向下复制10行,得到整齐排列100个图片占位符的幻灯片母版页面。完成上述操作后，单击"关闭母版视图"按钮，退出母版视图，如图 3-83 所示。

步骤 08 单击"开始"选项卡下的"版式"按钮，选择版式，将当前页面切换为刚刚制作好的、含有 100 个图片占位符的幻灯片母版版式页面，然后打开计算机中含有 100 张待插入图片的文件夹，全选其中的图片，拖入 PPT 窗口页面，如图 3-84 所示。

图 3-83　　　　　　　　　　　　　图 3-84

接下来就会发现，这 100 张图片自动填充到图片域，整整齐齐，不需要再次进行尺寸调整、排列等编辑操作，如图 3-85 所示。整个操作基本没有难度，效率会高很多。完成图片排版后，可以继续增加蒙版、文字等，达到如图 3-76 所示的效果。

图 3-85

关键技能 038　高清！PPT 导出图片你得这样设置

将幻灯片另存为 JPG 图片格式时，默认情况下生成的图片像素并不高。若希望导出精度更高的图片怎么办？我们知道，页面尺寸越大，导出的图片也就越大。理论上，可通过增大页面尺寸的方式来提高导出图片的清晰度。不过，页面尺寸越大，对页面元素的精度要求也就越高，排版也会比较麻烦，文字字号需选择超大字号，小尺寸图片插入后也需要逐一放大。因此，用这种方式提高导出的图片的精度并不可行。在不借助任何插件的情况下，提高导出图精度的最好办法是修改注册表，具体方法如下。

步骤 01 按下【Windows+R】组合键，打开"运行"对话框，在"运行"对话框中输入"regedit"并单击确定按钮，打开计算机的注册表编辑器，如图 3-86 所示。

步骤 02 在打开的注册表编辑器中，定位到 HKEY_CURRENT_USER\Software\Microsoft\Office\XX.0\PowerPoint\Options（XX 对应计算机中安装的 Office 版本，如安装的是 PowerPoint 2019，则为 16.0）。在窗口右侧空白处右击，单击"新建"选项中的"DWORD(32-位)值"命令，如图 3-87 所示。

图 3-86   图 3-87

步骤 03 右击新建的注册表值，在菜单中选择"重命名"命令如图 3-88 所示，将其命名为 "ExportBitmapResolution"。

步骤 04 双击新建并重命名后的"ExportBitmapResolution"注册表值，在弹出的"编辑 DWORD(32-位）值"对话框中，选择"十进制"并输入数值数据（该数值即导图分辨率对应的十进制值，本例中输入 1024，PowerPoint 2003 最大可输入 307），如图 3-89 所示。单击确定按钮并关闭注册表编辑器。

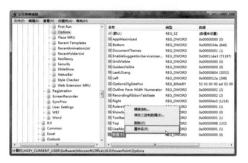

图 3-88   图 3-89

此时，我们再将 PPT 文件另存为 JPG 图片时就会看到，导出的图片像素比以默认方式导出的图片大了很多，如图 3-90 所示。

默认导出的图片   设置注册表后导出的图片

图 3-90

值得一提的是，在页面上选中某个图片或形状等元素，右击后，在弹出的快捷菜单中选择"另存为图片"，以这种方式导出的图片像素不会因为注册表的修改而提高。

关键技能 039　如何快速把 PPT 内所有图片单独提取出来？

若想导出 PPT 内插入的图片，在图片非常多的情况下，逐一进行"另存"操作，必然是很费时间的。最快的方法是将 PPT 转化为压缩文件后进行提取，具体操作方法如下。

步骤 01　在 PPT 所在文件夹窗口上方单击勾选"文件扩展名"复选框（若为已勾选状态可忽略此步骤），让 PPT 扩展名显示出来；然后选中 PPT 文件，按【F2】键进入重命名状态，将 PPT 的扩展名改为 .zip，即压缩文件格式，如图 3-91 所示。

图 3-91

步骤 02　双击 PPT 文件，将压缩文件内所有文件解压（计算机中需安装相应软件），如图 3-92 所示。

步骤 03　打开 PPT 文件夹内的 media 子文件夹，便可以看到该 PPT 中使用的所有图片均在文件夹内，图片提取也就完成了，如图 3-93 所示。

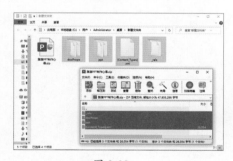

图 3-92

图 3-93

关键技能 040　掌握这些用图方法，PPT 页面视觉效果大不同

　　同样的图片采取不同的用法，效果有时大不一样。为了让图片尽可能发挥最大作用，排版时可不能随意，有必要了解一些基本的用图技巧。

1　全屏型

　　用一张图占满整个幻灯片，在图片本身质量不错的情况下，这种全屏型的排版方式，能够将图片本身的视觉优势发挥出来，表现力极佳，如图 3-94 所示。

　　但这种排版方式，必须要面对的问题是如何才能确保图上的文字内容足够醒目又不破坏图片的美感。面对这种情况，有以下几种处理方式。

　　方式 1： 利用图片本身的"留白区域"放置文字，如图 3-95 所示的山峰上面的天空部分。

图 3-94　　　　　　　　　　　　　　　　　　　　　图 3-95

　　方式 2： 添加形状，衬托文字，如图 3-96 所示的文字下方的灰色矩形。为了让图片更有整体性，还可以将形状调节为半透明，如图 3-97 所示。若图片本身有的部分并不太重要，还可以添加渐变透明色形状作为遮罩，突出图片重点部分，如图 3-98 所示。

图 3-96

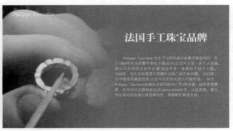

图 3-97　　　　　　　　　　　　　　　　　图 3-98

当然，也可以根据图片与 PPT 版式风格，只为部分文字或单个文字添加形状衬底，如图 3-99 和图 3-100 所示。

图 3-99　　　　　　　　　　　　　　　　　图 3-100

② 分割型

比例或因质量问题不适合全屏排版的图片，可采用页面分割式排版，如左右对半分割，如图 3-101 所示；再如上下对半分割，如图 3-102 所示。还有拦腰分割型，如图 3-103 所示。分割型排版要基于图片素材本身的特点进行设计，尽可能完整使用图片素材，页面同样会显得较为大气。

图 3-101　　　　　　　　　　　　　　　　　图 3-102

图 3-103

③ 整齐型

当一页幻灯片上有多张图片时，通过裁剪、对齐等操作，让图片整齐排列，是提升页面美观度的最简单的方式，如图 3-104、图 3-105 所示。

图 3-104

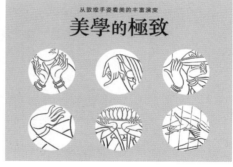

图 3-105

 Tips · ┃ **巧用表格布局页面图片**

首先，插入一个与幻灯片页面大小相同的表格（行列数根据图片张数选择），通过合并、拆分单元格、调整单元格大小等操作，将单元格数量调整到与待插入的图片数量一致。然后，将图片插入页面，并按单元格大小裁剪图片，随后复制到剪贴板，以填充剪贴板图片的方式，填充单元格，逐一进行上述操作，就可以将所有图片按表格分割插入页面中。

当然，也可以根据实际情况排成如图 3-106 所示的图片大小不尽相同的整齐版式，以及如图 3-107 所示的非矩形的整齐版式。

图 3-106　　　　　　　　　　　　　　　　　　图 3-107

4　创意型

有时候也可以根据图片情况和内容需要，不拘一格地进行创意排版，如图 3-108 所示的阶梯状排版，以及如图 3-109 所示的圆弧形排版。

图 3-108　　　　　　　　　　　　　　　　　　图 3-109

只有一张图片时，也可通过对图片进行裁剪、整体与局部混排、重新着色等方式，实现创意版式。如图 3-110 所示，将一张完整的图用位置错落的平行四边形分割成四份；如图 3-111 所示，从一张完整的图片中截取多个细节小图混排；还可以借鉴某些电影海报的排版方式，将一张图片复制多份，分别设置不同的色调后混排，如图 3-112 所示。

图 3-110

图 3-111

图 3-112

4

使用表格、图表和SmartArt图形的
10个关键技能

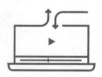

4.1 表格使用技巧

在展示数据、展示不同项目对比情况等内容时，使用表格会更加清晰明了。表格在实现 PPT 内容画面化、提升演讲沟通效果方面的作用不容小觑。

关键技能 041　从 Excel 复制到 PPT，如何避免表格变形？

在表格编辑方面，Excel 具有很多优势，所以，很多人都是在 Excel 中编辑好表格，再复制到 PPT 中展示。当我们按下【Ctrl+V】组合键将从 Excel 中复制的表格粘贴到 PPT 中时，会发现表格的样式会发生改变，在 Excel 中编辑好的格式全不见了。出现这种情况的原因是我们按下【Ctrl+V】键后，PowerPoint 使用的是按默认的"使用目标样式"粘贴方式粘贴表格。如果要保留原表格样式，可在"开始"选项卡"粘贴"按钮下选择以"保留源格式"方式粘贴，如图 4-1 所示，两种粘贴方式的效果对比如图 4-2 所示。

图 4-1

其他的几个粘贴选项分别代表不同的含义，"嵌入"是以 Excel 工作表对象的方式粘贴，即粘贴后仍然保留 Excel 编辑功能，双击表格将自动在 Excel 中打开，进入编辑状态；"图片"是指将表格转换为增强型图元文件图片的格式并粘贴在幻灯片中，通过"取消组合"还可继续编辑内容；"只保留文本"则是只粘贴表格的文字内容。

直接按【Ctrl+V】组合键粘贴的表格　　　　选择"保留源格式"粘贴的表格

图 4-2

从 Excel 复制到 PPT 中的表格，是否能在 Excel 表格内容发生变化时，相应内容自动更新变化，使 Excel 和 PowerPoint 中的内容始终保持一致？答案是肯定的。具体操作方法如下。

从 Excel 中复制表格，切换到 PowerPoint 页面中，按下【Ctrl+Alt+V】组合键，打开选择性粘贴对话框；在对话框中选择左侧"粘贴链接"单选项，在右侧选择"Microsoft Excel 工作表 对象"选项，然后单击"确定"按钮，如图 4-3 所示。这样，就把幻灯片页面中的表格与 Excel 表格关联起来了，当 Excel 表格（与 PowerPoint 文件放在同一文件夹中）中内容有变化时，幻灯片中该表格也会自动发生相应变化，无须手动更新。

各年度医疗器械领域并购交易额中位数

图 4-3

关键技能 042　在 PPT 中用好表格，你必须看懂五种鼠标形态

在 PPT 中，将鼠标指向表格不同位置，指针会有不同形态。看懂五种鼠标形态，再结合表格的"设计"和"布局"选项卡下相关功能按钮，如图 4-4、图 4-5 所示，可以更好地进行表格编辑的相关操作。

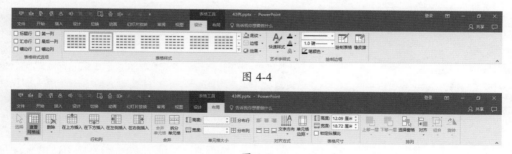

图 4-4

图 4-5

（1）"移动"形态

选中幻灯片中的表格后，将鼠标放置在表格四周边线时，指针会变成，此时按住鼠标左键拖动，可移动表格，如图 4-6 所示。

（2）"选择表格中某一格"形态

将鼠标放置在表格中某一单元格左下角时，鼠标指针将变成，单击即可选中该单元格。选中某个单元格后，按住并拖动鼠标还可选中横、纵向相邻单元格，如图 4-7 所示。

图 4-6   图 4-7

另外，选中某个单元格后，按住【Shift】键继续单击选择不相邻的某个单元格，可选中这两个单元格之间的一片单元格。

（3）"选择行/列"形态

当鼠标停在表格某行的前/后方或某列上/下方时，鼠标指针将变成指向该行/列的箭头形态 → / ← 或 ↓ / ↑，此时，单击即可选中这一整行或一整列，如图4-8所示。同理，继续按住鼠标拖动即可选中相邻的行、列，如图4-9所示。

图 4-8   图 4-9

（4）"调整行/列大小"形态

当鼠标置于表格的内部边框线上时，鼠标指针将变成 ↔ / ↕ 状（表格处于选中状态下，要调整位于表格边缘部分的单元格，需将鼠标指针置于稍靠内部位置，否则鼠标指针将变成移动形态），此时按住鼠标左键左右或上下拖动即可改变列宽或行高，如图4-10、图4-11所示。

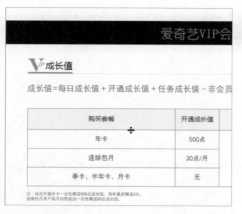

图 4-10   图 4-11

（5）"改变整个表格大小"形态

当鼠标停在表格外围的 8 个控制点上时，鼠标指针将变成 ↖ / ↕ / ↔ 状，此时，按住鼠标左右或上下拖动则可改变整个表格的大小，如图 4-12、图 4-13 所示。

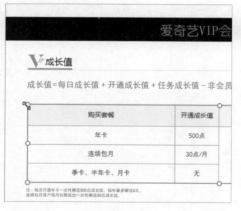

图 4-12

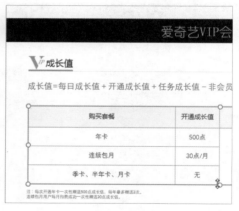

4-13

关键技能 043 谁说丑？简单四招让表格"美美哒"

在某些 PPT 里，表格常常是以图 4-14 所示的状态出现的。由于很多人先入为主地认为表格美观性太差，所以不喜欢在 PPT 中使用表格。

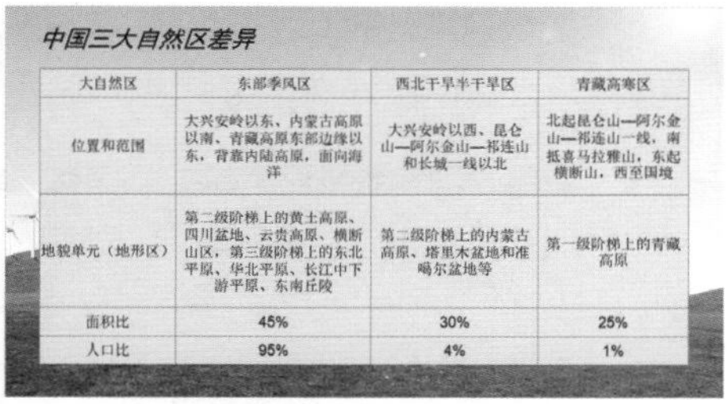

图 4-14

其实，在 PPT 中，表格也可以设计得很漂亮，如图 4-15 和图 4-16 所示。

图 4-15 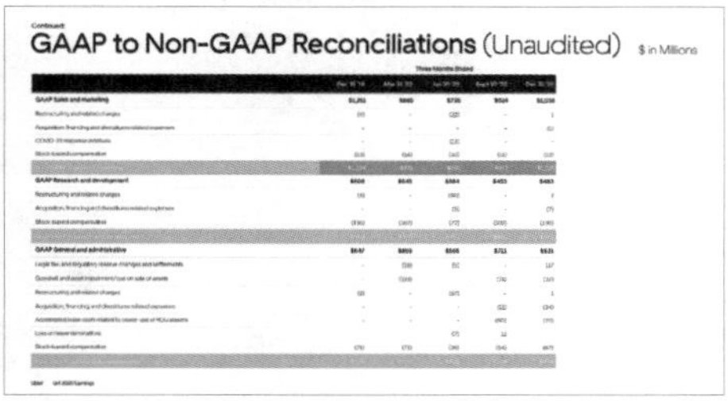 图 4-16

那么，如何美化表格呢？主要有下面四个调整方向。

1 内容规范

统一字号、字体、字体颜色、对齐方式（包括水平和垂直两个方向），可以让表格内容更规范，更整齐。如图 4-17 所示，表格字体统一采用苹方黑体，表内内容字号一致；文字对齐方式统一调节为水平居中对齐、垂直居中对齐，使同行的文字不再有左有右，有高有低。还可以统一数据中小数点后的位数，如图中 2019 年年度首付款 1.2 亿美元这个数据，在"2"之后特意添加了一个"0"，视觉效果更好。

表格中的内容较短时，一般采用居中对齐；内容较长时，应选择左对齐，如图 4-18 所示，中间三列采用居中对齐，左侧第一列采用左对齐。

图 4-17  图 4-18

为了让左对齐的数据不至于太贴近边线，影响视觉效果，可单击段落工具组右下角的 🔽 按钮，打开"段落"对话框，对数据设置一定的首行缩进，如图 4-19 所示。

图 4-19

当然，也可以通过插入制表位的方式来解决左对齐数据贴近边线的问题。具体操作为，先选中要插入制表位的数据，打开"段落"对话框，单击对话框左下方的"制表位"按钮，在"制表位位置"框中输入一个数值（即数据与边线的距离），单击"左对齐"单选按钮，再单击"设置"按钮，确定设置，如图 4-20 所示。

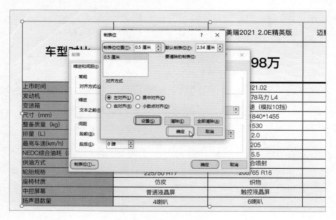

图 4-20

回到表格，在每个数值前按下【Ctrl+Tab】组合键，插入一个制表位，就可以达到数据左对齐时与边线存在一定距离的效果了。同理，通过插入"小数点对齐"制表位，还可让数据按小数点对齐，在对齐含小数数据的表格内容时非常实用，如图 4-21 所示。

统一格式时，该有区别的地方还是要有所区别，例如，头行文字为粗体，表内文字设为常规字体，既要总体统一，整齐规范，又不缺失重点，主次分明。

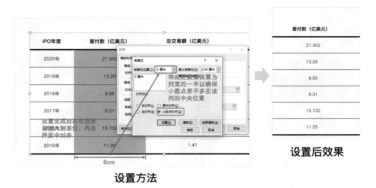

设置方法

设置后效果

图 4-21

2 线框调整

表格线框调整和内容规范思路类似，又有所区别。同类内容一般要统一，非同类内容、需强调内容等可差别化处理。

如图 4-22 所示表格，统一了内部边框横向线 3~7 的磅值，统一取消了所有纵向线；取消了横向线 1，让头行文字更加突出；将横向线 2 和最底端的横向线 8 统一设置为更粗的线条，以区别表内、表外。经过这样的设置后，表格视觉效果得到提升。

表格列宽、行高的设置也是一样的原理。如图 4-23 所示表格，列 1 为参数项，列 2、列 3、列 4 为车型对比，因此，列 2、列 3、列 4 的宽度一致，列 1 则可不同。行 1 和其他行的行高设置方式思路类似。

图 4-22   图 4-23

3 差异填色

当表格行数较多时，为方便查看，可为表格中的行设置填色，相邻的行用不同的背景色区别开来。如图 4-24 所示，表格内容行采用灰色、白色两种颜色进行区别。

再如图 4-25 所示，表格内容中每一个部分的行分别采用不同颜色进行区别。

图 4-24

图 4-25

当表格的目的在于展示各列信息的对比时，同样可以为列设置多种填充色。这样既便于查看、对比各列信息，也实现了对表格的美化，如图 4-26 所示。

若要重点强调某一列的信息，也可将这一列（无论该列是否在表格边缘）设置为与其他各列不同且对比更强烈的填充色，如图 4-27 所示。

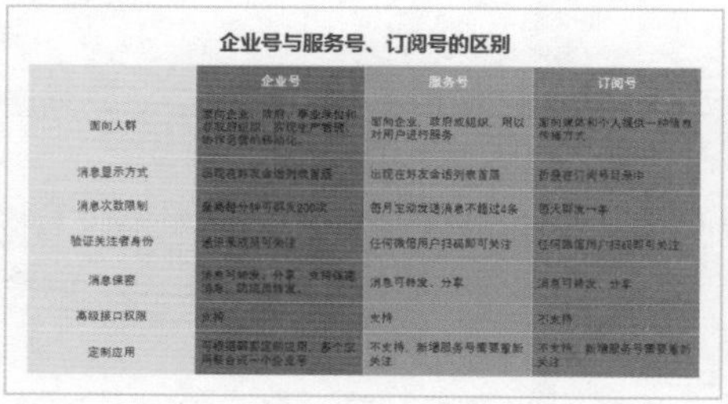

图 4-26

图 4-27

④ 头行优化

表格的第一行称为头行，对头行（或头行下的第一行）进行特殊的修饰，也是提升表格设计感的一种方法。

如图 4-28 所示，将头行的行高、文字字号增大，并填充醒目的颜色，使之与表格中其他行的颜色产生强烈对比，效果会比整个表格的行全部采用同一种样式好许多。

此外，还可在头行中插入图片，使表格看起来更生动，如图 4-29 所示。

图 4-28

图 4-29

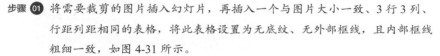

关键技能 044　表格的另类用法——等份裁切图片

本书前面的章节中介绍过利用表格布局并插入大量图片的方法，这里再给大家介绍一种表格的特殊用法——利用表格等份裁切图片。在朋友圈里，我们常常会看到如图 4-30 所示的照片效果。发布的九张照片拼合成完整的一张图，这种效果看起来很特别，但很多人都不知道如何实现。

图 4-30

其实，这种效果无非就是先将一张照片等份切割为 9 张，然后按从上到下、从左到右的顺序上传。如果会使用 Photoshop，等份切割图片自然不是什么难事；如果不会用 Photoshop，使用 PowerPoint 的表格功能也能做到。具体操作方法如下。

步骤 01 将需要裁剪的图片插入幻灯片，再插入一个与图片大小一致、3 行 3 列、行距列距相同的表格，将此表格设置为无底纹、无外部框线，且内部框线粗细一致，如图 4-31 所示。

步骤 02 按下【Ctrl+X】组合键剪切图片，然后选中整个表格（或选中所有单元格）后右击，在弹出的菜单中选择"设置形状格式"命令；在弹出的"设置形状格式"对话框中，设置表格的填充方式为"图片或纹理填充"，并单击下方的"剪贴板"按钮，即可将刚刚剪切的图片填充进去，再勾选"将图片平铺为纹理"选项，如图 4-32 所示。

图 4-31

图 4-32

步骤 03 按下【Ctrl+X】组合键剪切表格，再按下【Ctrl+Alt+V】组合键，打开"选择性粘贴"对话框，在该对话框中，将粘贴类型选为"图片（增强型图元文件）"，单击"确定"按钮，将表格转换为图片（增强型图元文件）格式，如图 4-33 所示。

步骤 04 选中已转换为图片（增强型图元文件）格式的表格，按下【Ctrl+Shift+G】组合键取消组合，在弹出的提示对话框中选择"是"，然后再次按下【Ctrl+Shift+G】组合键，将所有组合全部取消，如图 4-34 所示。

图 4-33

图 4-34

步骤 05 经过上述操作后,原来的图片就被裁切成了
等大的九张图片。此时,将页面上的表格边框、
透明轮廓等不需要的对象删除,将九张图片保
存到计算机中,按顺序上传至朋友圈即可,如
图 4-35 所示。

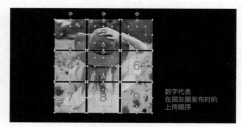

图 4-35

利用表格等份裁切图片,不仅能够制作朋友圈九宫格图,还可制作出更丰富的 PPT 效果,如通过"平滑"
切换动画,轻松让一张看似完整、实则已被等分的图片呈现出由散到聚、由聚到散的动画特效,具体的方法在
后文介绍。

4.2 **图表使用技巧**

图表是 PowerPoint 中常用的一种元素,相比文字和表格,它能更直观地呈现数据,佐证某个结论。专业
研究机构的报告 PPT 尤其爱用图表,如图 4-36 所示。

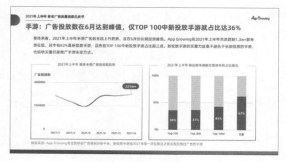

图 4-36

关键技能 045 掌握这四个方法，提升图表的表达力

从常用的柱状图、饼图，到复杂的曲面图、旭日图，PowerPoint 预置了丰富的图表类型，只需输入数据便可自动生成，操作几乎没有难度。使用图表更为重要的是，要让它的表达有重点，既能清晰地告诉观众它想证明什么，又不只是简单地呈现出数据统计结果，这样，才能真正发挥图表的作用。下面介绍几个能强化图表表达力的实用方法，帮助大家更好地在 PPT 中使用图表。

方法一：差异化填色

更改图表中的重点部分的填充色，使之更吸引观众注意力。如图 4-37 所示，右侧图中，将代表抖音 APP 下载量的数据条填充为紫色，与代表其他 APP 的数据条形成鲜明的对此，要比左侧图全部采用同一填色，更能说明"抖音受到越来越多人欢迎"这一观点。

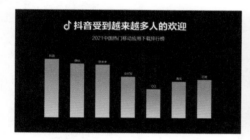 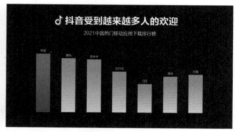

图 4-37

方法二：形状辅助

形状辅助即添加形状，将图表中的关键部分圈出，如图 4-38 所示，为"中国"部分添加矩形衬底，以及如图 4-39 所示的折线起始端和终端的圆形衬底，都能起到指明重点、吸引观众注意力的作用。

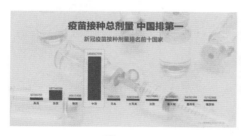

图 4-38   图 4-39

方法三：文字标注

在图表关键位置添加注释，通过文字直接挑明图表意图，如图 4-40 所示。

方法四：改变坐标轴取值范围

在 PPT 中，只要在相应的 Excel 表中输入相关数据，系统会根据这些数据自动设置横、纵坐标取值范围，生成图表。若默认生成的图表对比不够鲜明（如条形图各数据条长度差距不大），可手动修改坐标轴的取值范

围，来强化对比。如图 4-41 所示，条形图所列 4 组数据虽然有差异，但差异并不特别明显。

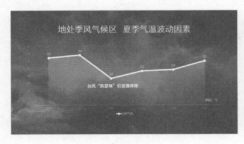
图 4-40

图 4-41

选中条形图，双击图下方坐标刻度，打开"设置坐标轴格式"对话框，在这里更改该条形图坐标轴的最小值，即起始位置的数值。当我们把最小值设置为接近条形图中所展示数据的最小的一个数值（如该条形图最小值为980.5，我们可将最小值设置为950），会发现条形图中，底部坐标数值发生了改变，呈现的对比关系更加明显，如图 4-42 所示。

同理，若要让默认生成的图表呈现出来的差异变小，就可以把最小值改小，以增大取值范围。除了条形图、柱状图，其他类型的图表（如折线图）也可以采用这种方式来强化或弱化对比。

图 4-42

关键技能 046 ▶ 默认图表不好看？试试这样调整

使用 PowerPoint 预置模板插入图表的确很省事，但是设计感、美观度方面或许不能满足大家的审美要求。如何美化图表，才能让它在辅助表达的同时，还能给人以美的感受呢？这里总结了 4 种思路，供大家参考。

① 统一配色

统一配色就是要根据整个 PPT 的风格及色彩，来设置插入的各种图表的配色。

配色统一，能提升图表的设计感，使 PPT 显得更加专业。如图 4-43 所示，这是来自同一份 PPT 的 4 页幻灯片，其中的图表配色按照整个 PPT 的色彩规范，统一采用蓝、绿、白、灰搭配方案，看起来美观且协调。

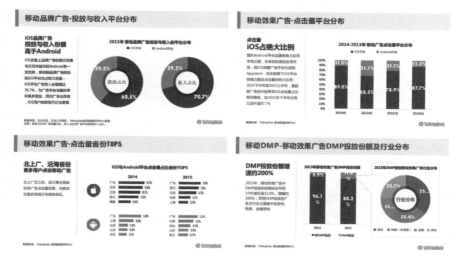

图 4-43

2 简化

默认状态下的图表，坐标轴、网格线、数据标签、图例等部件都会配齐，看起来比较复杂，如图 4-44 所示。事实上，图表的部件并不一定要完全显示出来。例如，在有数据标签的情况下，即便没有网格线和纵坐标轴，也完全不影响查看图表。去掉不必要的部分，图表表述重点会更加清晰，也更为美观。另外，图表标题、图例的样式也可根据页面版式进行灵活处理，不一定按默认设置一成不变。

对图 4-44 进行调整后，得到图 4-45 所示的图表，视觉效果显然要更好一些。

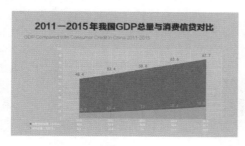

图 4-44

图 4-45

3 形状或图片填充

在 PPT 中，通过形状或图片复制、粘贴的方式，便可快速改变图表内某些元素的外观。如图 4-46 所示，在默认状态下，折线图中各数据点在折线上显示得不甚明显。

由于该图表是关于幸福感的内容，此时，可单击"插入"选项卡下"形状"按钮，在页面上插入一个大小合适的心形，并设置好填充色，然后按下【Ctrl+X】组合键将其剪切。单击图表，选中折线节点部分，按下【Ctrl+V】组合键，将心形复制到折线节点上，这样，剪切板中的心形就自动插入了折线图中，如图 4-47 所示。

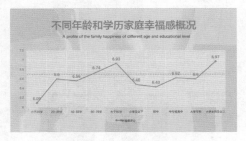

图 4-46

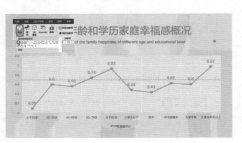

图 4-47

同理，利用这种方法，我们还可以对柱状图进行变形，使图表更为美观，如图 4-48 所示。

以上是用 PowerPoint 自带形状进行的图表优化。若用图片来优化，还可以使更多图表"变形"。图 4-49 所示图表便是采用这种方法制作的，看起来是不是生动且富有设计感？

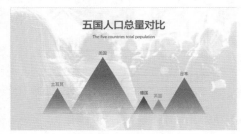

图 4-48

要实现这种效果，设置步骤如下：复制插入 PPT 的图片，选中条形图中的数据条，按【Ctrl+V】组合键粘贴，之后，双击已粘贴到数据条中的图片，打开"设置数据点格式"对话框，将对话框切换至"填充与线条"设置界面，在"填充"选项下，选择"层叠"单选按钮，如图 4-50 所示。"层叠"可以使数据条内的图片按照数据条的长度自动增加或减少。这里要特别说明的是，形状或图片"粘贴"到图表之前，应先调整好大小、颜色等要素，确保图片大小合适、色彩统一，才能使 PPT 效果更好。

图 4-49

图 4-50

4 营造场景

PowerPoint 中预置的很多类型的图表都有带立体感的子类型，插入合适的图片与这种带立体感的图表结合，可让图表更有场景感，呈现效果更佳。如图 4-51 所示，在一张表现手机相关内容的立体柱状图下添加一张手机图片，使柱状图与手机巧妙融合，数据仿佛从手机屏幕中跃然而出，视觉效果独特。

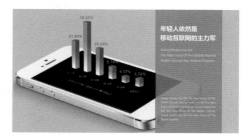

图 4-51

此外，在条件允许的情况下，还可将图片与数据更紧密地结合起来，达到图即是表、表即是图的境界，看数据如看图般生动，如图 4-52 所示，这组来自国外的农业相关数据图表就实现了这种效果。

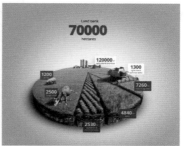
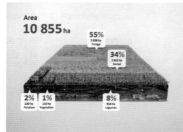

图 4-52

关键技能 047 常浏览这四个网站，提升你的图表设计素养

想把图表做得更好，除了不断学习具体的技巧，还应多参考一些优秀的图表。在哪里可以浏览图表设计呢？下面几个网站就非常不错。

（1）数据新闻

如图 4-53 所示，该网站是新华网旗下的一个特色栏目版块，包含各种新闻、社会生活相关的数据图表，质量都非常高。常看这个网站，不仅能了解新闻时事，还能提高图表设计水平。

（2）数读

如图 4-54 所示，该网站与新华网的数据新闻类似，是知名互联网公司网易旗下新闻子栏目，内容质量也不错，可以作为新华网数据新闻的补充学习资料。

图 4-53

图 4-54

（3）infogram

如图 4-55 所示，该网站是国外的一个在线图表制作工具网站，在这里既能浏览各种各样的图表案例，也能轻松套用其中的模板，快速制作图表。

（4）互联网数据资讯网——199IT

如图 4-56 所示，该网站是一个专业的中文互联网数据资讯网站，网罗了各行各业的最新研究报告。通过翻阅这些报告，不仅可以学习图表制作方法，还能学习报告型 PPT 的设计思路。

图 4-55

图 4-56

4.3　SmartArt 图形使用技巧

制作 PPT 时，有时会用到表现逻辑关系的图形。为便于用户使用，软件中预置了丰富的逻辑关系图模板，包括并列关系、递进关系、循环结构、层次结构等，都囊括在"SmartArt"图形类目下，通过"插入"选项卡下的相应按钮即可插入，使用起来非常方便，如图4-57、图4-58所示。

图 4-57

图 4-58

由于使用频率相对较低，很多人并不十分了解SmartArt图形，它其实是一个非常好用的效率型设计工具。

关键技能 048 一键搞定！利用 SmartArt 图形快速布局文字

当我们要将一份写好的Word文件转化为PPT时，常常会遇到具有一定逻辑关系的大段文字。如果直接将这些文字复制到PPT页面中，即便对其进行分段，调节字体、字号等操作，还是会显得有些单调，视觉效果也一般，如图4-59所示。

图 4-59

这种情况如何改善？其实，对于有逻辑关系的文字内容，以图形的形式呈现，效果就会大不相同。如图4-59所示页面中三段内容属于并列关系，可使用SmartArt图形中的"列表"型图示进行表示。

具体操作方法如下。

选中需要转化或整理的文字内容，单击"开始"选项卡下的"转化为SmartArt"按钮，在列表中选择一种图形样式，即可一键完成转化布局。如果列表中没有符合条件的图形样式，还可单击最下方的"其他SmartArt图形"选项，在弹出的"选择SmartArt图形"对话框中，查看更多图形，如图4-60所示。"选择SmartArt图形"对话框中按逻辑类型对图形类型进行大致的分类，一般情况下，不难找到符合要求的图形。图4-59中的内容一键转化成SmartArt图形后，页面效果如图4-61所示，比起之前的纯文字内容，效果显然更好。

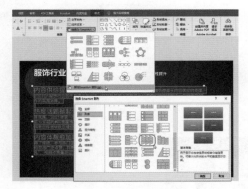

图 4-60

在此基础上，我们还可以进一步优化文档中每个部分的文字排版，使视觉效果更好，如图 4-62 所示。

图 4-61

图 4-62

 Tips ——

使用快捷键快速设定文字层级

将具有层级关系的文字插入幻灯片后，可通过快捷键快速设定文字的层级，常用快捷键如下。

提升文字级别，将鼠标定位在文字前，按【Shift+Tab】组合键；

降低文字级别，将鼠标定位在文字前，按【Tab】组合键；

层级设定好后，选中所有文字，将其转换为 SmartArt 图形，一步到位，无须再一一单击相关按钮进行调整。

关键技能 049　一键搞定！利用 SmartArt 图形快速排版图片

借助 SmartArt 图形，我们除了可以快速处理文字，还能快速排版图片。如图 4-63 所示页面需要放置大量图片，且这些图片有横式、有竖式，图片比例不一，逐一手动处理必定要耗费大量时间。

图 4-63

　　此时，只需选中所有图片，然后单击"格式"选项卡的"图片版式"按钮，在下拉菜单中选择一种 SmartArt 图片版式并应用到页面中，就会发现，所有图片都自动裁剪、排列好了，只需输入相应文字，微调部分不合适的图片即可，如图 4-64 所示。

图 4-64

　　对于利用 SmartArt 图形排版好的图片，还可继续保持选中状态，在"SmartArt 工具"选项（如图 4-65 所示）中进行形状更改、大小和位置调整及添加图片等操作，版式将自动发生相应变换，操作更方便，可以提高工作效率。

图 4-65

关键技能 050　隐藏功能！SmartArt 图形的两个非常规用法

除了快速排版文字、制作逻辑图及排版图片，SmartArt 图形还可以提取特殊形状和对目录页进行排版。

（1）提取特殊形状

PowerPoint 预置的 SmartArt 图形里，含有一些"形状"列表中没有的图形，像图 4-67 所示的向上箭头、漏斗、齿轮图形。当我们需要在 PPT 中使用这样的图形时，可单击"SmartArt 工具"中"设计"选项卡下的"转换"按钮，将其转换为形状。

（2）目录页排版

SmartArt 图形里的"列表"类图形，非常适合处理具有并列关系的目录。因此，完全可以借助 SmartArt 图形来快速排版 PPT 的目录页。我们按照前文所述方法，先用快捷键设定好目录文字级别，然后全选文字，将文字转化为 SmartArt 图形中的"列表"类图形，如"垂直框列表图"，这样一个目录就制作完成了，如图 4-67 所示。

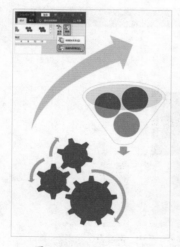

图 4-66

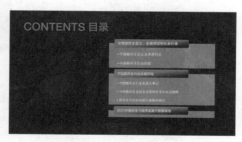

图 4-67

第5章

PPT配色与排版的20个关键技能

色彩搭配对 PPT 美感有着直接的影响。不合理的色彩搭配，会使 PPT 凌乱无章，让人丧失阅读的兴趣，如图 5-1 所示；合理的色彩搭配则会给人赏心悦目的感觉，让人有阅读欲，如图 5-2 所示。

图 5-1

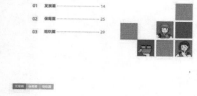

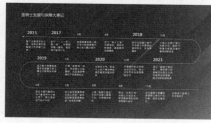
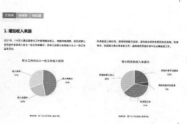

图 5-2

提升 PPT 设计美感，需要掌握一些色彩搭配技巧，本节将为大家详细介绍。

虽说很多人并不想成为专业设计师，但适当学习基础色彩知识，对提升审美、做好 PPT 非常有帮助。在工作或生活中，大家可能都遇到过一些色彩概念，如 RGB、三原色、饱和度等，这些概念究竟是什么意思？下面就来具体介绍。

1 有彩色和无彩色

从广义的角度，色彩可分为无彩色和有彩色两大类，如图 5-3 所示。

无彩色： 根据明度的不同表现为黑、白、灰。

有彩色： 根据色相、明度、饱和度的不同表现为红、黄、蓝、绿等色彩。

图 5-3

2 色相、明度、饱和度与 HSL 颜色模式

色相、明度、饱和度是有彩色三要素，人眼看到的任何彩色光都是这三个特性的综合效果。

色相： 按照色彩理论的相关解释，色相是色彩所呈现出来的质地面貌，而设计中常说的不同色相即两个对象颜色的实质不同，如一个是草绿色，一个是天蓝色。自然界中的色相是无限丰富的。色相环是色彩学家制作的一种圆形色相光谱，如图 5-4 所示。

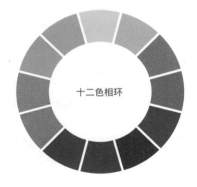

图 5-4

饱和度： 指色彩的纯度，饱和度越高，色彩越鲜艳；饱和度越低则越接近灰色，如图 5-5 所示。

明度： 色彩在明亮程度这个维度上的强弱情况，具体区别如图 5-6 所示。

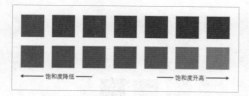

图 5-5

图 5-6

为 PPT 元素（以形状为例）填充颜色时，在填充方式中选择"其他填充颜色"命令，可打开"颜色"对话框，在该对话框的"自定义"选项卡中，左侧的颜色选择面板是色相与饱和度选择，横向的为色相，纵向的为饱和度；右侧的色带为明度选择，向上为提升明度，向下为降低明度，如图 5-7 所示。

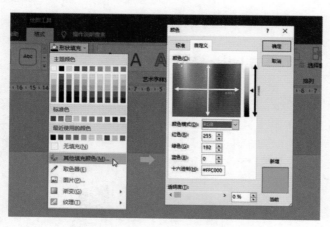

图 5-7

HSL 颜色模式： 是根据色彩三要素理论建立的一种色彩标准，H（Hue）指色相，S（Saturation）指饱和度，L（Lightness）指明度，一组 HSL 值确定一个颜色，如 HSL（0,255,128）为红色，HSL（42,255,128）为黄色，如图 5-8 所示。PPT 中"颜色"对话框的"自定义"选项卡下的颜色模式默认为 RGB 模式，可通过单击"颜色模式"下拉列表，切换为 HSL 色彩模式。

③ 三原色与 RGB 色彩模式

三原色：色彩中不能再分解的基本色称为原色，通常说的三原色即红（Red）、绿（Green）、蓝（Blue）。利用三原色可混合出所有的颜色。三原色混色基础模型如图 5-9 所示。

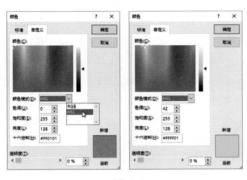

图 5-8　　　　　　　　　　　　　　图 5-9

RGB 色彩模式： RGB 色彩模式是根据三原色理论建立起来的一种色彩标准，其原理是，R（Red）、G（Green）、B（Blue）三个颜色分别被划分为 0~255 级亮度，从而能够组合成 256×256×256=16777216，即 1600 余万种色彩，涵盖人类视力所能感知的所有颜色，也意味着通过一组 RGB 整数值（三项，每项取值范围都在 0~255）即可确定我们能看到的每一种颜色。如 RGB（255,0,0）为红色，RGB（255,255,0）为黄色，如图 5-10 所示。

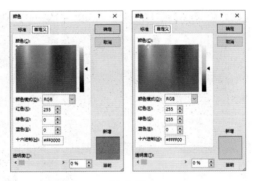

图 5-10

 Tips ── **在 PPT 中使用取色器取色的小技巧**

PowerPoint 支持通过取色器工具 ✐ 取色器(E) 吸取（识别和复制）屏幕上的任何一种颜色，并将其填充到当前选定的文字、形状等元素中。其中，PowerPoint 窗口内的颜色可直接吸取，PowerPoint 窗口外的颜色可先将窗口切换至非全屏状态，在按住鼠标左键不放的同时，将鼠标移动至窗口外吸取。

Tips

HTML 色彩模式和 CMYK 色彩模式

大家平时可能还看到过或听说过 HTML 色彩模式和 CMYK 色彩模式，这两个色彩模式又是怎么回事呢？

HTML 与 RGB 色彩模式三个数值一组的编码方式不同，HTML 为满足浏览器的特殊要求，采用的是 16 进制代码，比如蓝色的 RGB 值为（0,0,255），其 HTML 色值为 #0000FF。在网络中下载一些可自定义颜色的素材时，很可能需要输入 HTML 色值而不是 RGB 值，比如从阿里巴巴矢量图标库下载的图标，设定颜色的方式便是输入 HTML 色值。

CMYK 模式又称四色印刷模式，C 为青色（Cyan），M 为洋红色（Magenta），Y 为黄色（Yellow），K 为黑色（Black）。在这种色彩模式下进行印刷品设计，对各种打印机设备会有更好的适配性，制作出来的成品颜色不容易出现偏差。若要将 PPT 作品印刷成册，可先将 PPT 文件转化为 PDF 格式导入 Adobe Illustrator、CorelDRAW 等专业软件，然后将色彩模式转为 CMYK 模式，待查看、调整后再进行印刷制作，色彩效果更有保障。

关键技能 052　如何选择 PPT 配色方案？可从这些方面考虑

专业设计师制作的 PPT，往往都有统一的色彩规范，会事先设置好 PPT 内各种元素配色的色彩选择范围，以及各类元素分别使用什么配色、哪种颜色与哪种颜色搭配使用效果更好等，这种色彩规范就是配色方案，如图 5-11 所示。

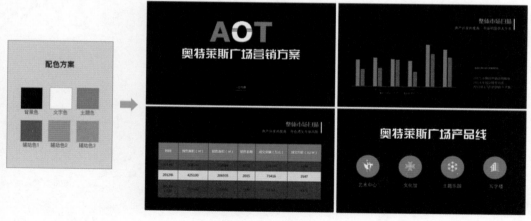

图 5-11

要确定自己的 PPT 配色方案，可以从以下四个方面考虑。

1　参考 VI 系统配色

　　视觉识别系统（Visual Identity，VI）是运用系统的、统一的视觉符号的系统，设计师在 VI 系统中会对色彩应用进行规范。若 PPT 涉及的企业或品牌有自己的 VI 系统，则可参考这个 VI 系统取色、配色，如图 5-12 所示，蚂蜂窝就拥有自己的 VI 色彩系统。

2　根据行业属性配色

　　不同行业在色彩选择上往往有不同的倾向，如环保、医疗行业倾向于使用绿色为主的配色（如图 5-13 所示），政府部门或企事业单位、餐饮行业常常使用红色为主的配色，金融行业倾向于使用金色为主的配色……在确定 PPT 配色时，可从企业或品牌所属行业考虑，采用行业通行的色彩方案。

图 5-12

图 5-13

3　根据内容配色

专业性强、偏严肃的内容适合选择朴实、深沉的冷色系色彩；欢快、轻松的内容适合选择热烈、活泼的暖色系颜色。例如，科技类内容采用蓝色（如图 5-14 所示），历史文化类内容采用褐色……根据内容风格确定色彩风格，是最基本、最直接的一种配色选择思路。

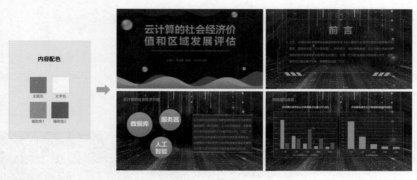

图 5-14

4　根据感觉配色

有些时候，制作 PPT 可能并没有什么明确的配色需求，但有大概的想法，如想让 PPT 有品位一点，艳丽一点，温馨一点……这种情况下，我们可通过印象配色工具网站来选择配色方案。如网页设计常用色彩搭配表（如图 5-15 所示），这是一个为网页设计提供配色支持的工具网站，完全可以借鉴其中的配色。在该网页左侧的"按印象的搭配分类"中选择一种印象分类，即可在页面右侧看到相应印象下的一些配色方案建议。选择符合你要求的配色方案，截图到 PowerPoint 中用取色器吸取相应颜色并使用即可。

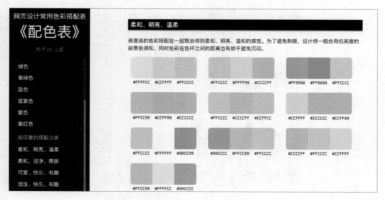

图 5-15

　　很多新手制作 PPT 时，习惯打开软件就动手做，需要什么颜色临时再找，这种做法效率不高且很难做到配色统一。还有人喜欢在页面外准备些小矩形，——填充定好配色，需要时再从这些矩形中取色，如图 5-16 所示。这种做法虽然能做到色彩统一，但要整体修改配色时，必须逐页、逐个地改，非常麻烦。

图 5-16

　　实际上，制作 PPT 前，先单击"设计"选项卡"变体"组"颜色"菜单下的"自定义颜色"命令，打开"新建主题颜色"对话框，在该对话框中把配色方案设定好，如图 5-17 所示。这样，选择字体、形状等元素的颜色时，就会发现颜色面板从默认的配色方案变成了自己设定的配色方案，使用起来更方便。另外，艺术字、图表、SmartArt 图形、表格等插入素材的默认配色也都可以使用新的配色方案。

　　应用"新建主题颜色"配色后，如果需要整体修改颜色，工作量也不会很大，只需要再次打开"新建主题颜色"对话框，更改相关颜色设置，保存为新的主题，使用该配色的对象就都会自动进行相应更新，不需要逐页修改。

　　此外，如图 5-18 所示，通过"新建主题颜色"对话框建立的配色方案将保存在 PowerPoint 中，当前文档可用，其他的 PPT 文档也可以选用。某些公司要求每个 PPT 色彩都要统一，通过"新建主题颜色"对话框提前建立配色方案，问题就解决了。

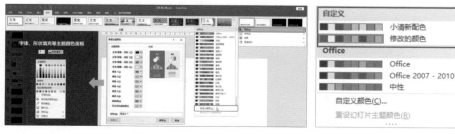

图 5-17　　　　　　　　　　　　　　　　图 5-18

PPT 配色方案可分为多色方案和单色方案，具体介绍如下。

1 多色配色方案

多色配色方案要求 PPT 制作者有较好的色彩驾驭能力，一旦色彩搭配不合理，就容易让 PPT "辣眼睛"。

多色配色方案的色彩数量并非多多益善，一般来说，选择四个以内的有彩色和无彩色搭配便足够了。如图 5-19 所示，该 PPT 采用多色配色方案，由黄、绿、蓝三种主题色，灰色文字，浅灰色背景色及其他不同明度的主题辅助色构成。

多色配色方案在选择颜色时，多个主题色的明度保持一致，效果会更好。图 5-19 中的 PPT 选用了黄、绿、蓝三个主题色，其明度基本一致，使得配色艳而不俗，看起来非常舒服。

2 单色配色方案

单色配色方案是采用单个主题色，同一色相、不同明度的色彩作为辅助色进行搭配。单色配色方案用色既统一又不单调，能够呈现色彩的层次感，且对 PPT 制作者的色彩驾驭能力的要求相对要低一些。如图 5-20 所示，该 PPT 采用的是以蓝色为主题色的单色配色方案。

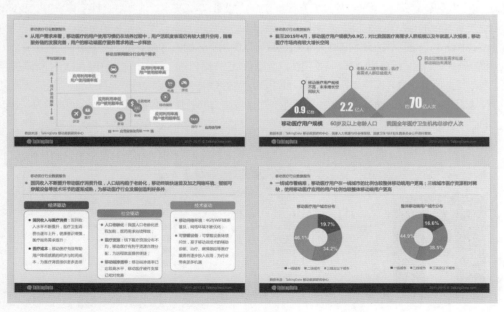

图 5-19

图 5-20

很多专业设计师制作 PPT 时，都喜欢在配色方案中加入灰色，如图 5-20 所示。灰色作为一种无彩色，明度介于黑、白之间，不会过深，也不会过亮，和任何色彩都能相对融洽地搭配。合理使用灰色，既可解决多色配色方案的配色过于艳丽和单色配色方案颜色单调的问题，还能赋予 PPT 高级感。

1　使用灰色页面背景色

选择有彩色作为背景，会有明显的风格倾向性，对页面元素的用色要求更高；选择黑、白色作为背景，又略显普通；而选择灰色作为背景既方便排版，又不至于太普通。如图 5-21 所示，小米发布会 PPT 页面采用渐变灰背景，对产品起到了很好的衬托作用，让画面非常有质感。

图 5-21

② 使用灰色色块

若背景页面是纯白色，在页面内容较少时非常容易显得空洞，合理地添加一些装饰性灰色色块就能解决这一问题，并提升页面设计感，如图 5-22 所示。

当我们需要弱化页面中的次要对象、突出主要对象时，也可以通过设置灰色色块与主色调色块形成对比来实现，如图 5-23 所示。

图 5-22

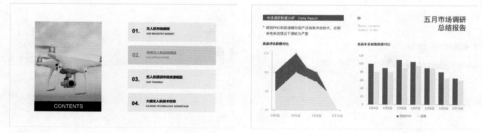

图 5-23

③ 使用灰色文字

在浅色页面背景的 PPT 中，很多人习惯直接使用纯黑色文字。实际上，纯黑色在这样的背景中常常是过于显眼，甚至有些刺眼的。如果选择一定灰度的灰色作为文字配色，看上去会更柔和、更舒适，如图 5-24 所示。

图 5-24

关键技能 056 漂亮且高级！ PPT 设计中渐变色的用法

近年来，渐变色配色逐渐在设计界流行起来，从 UI 界面设计到平面设计，常常能看到渐变色配色风格的作品。PPT 中合理地使用渐变色配色，也能获得不错的效果。页面背景色采用渐变色，效果如图 5-25 所示；页面文字采用渐变色填充，效果如图 5-26 所示；页面圆角矩形色块采用渐变色填充，效果如图 5-27 所示；页面中图表（条形图）使用渐变色填充，效果如图 5-28 所示。

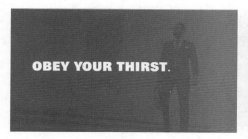

图 5-25

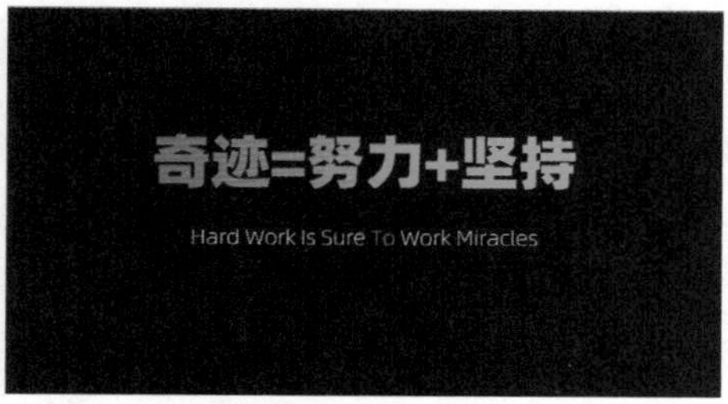

图 5-26

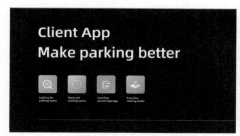

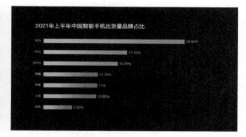

图 5-27

图 5-28

比起纯色，使用渐变色配色主要有三个优势：一是色彩丰富性和层次感更好，更醒目；二是使页面元素更富有光感、动感；三是紧跟设计潮流，使设计更具时尚感、高级感。有些人对渐变色的理解可能还停留在 PowerPoint 2003 的渐变色艺术字阶段，如图 5-29 所示，这种效果显然已不符合当下审美。如何使用渐变色，才能让 PPT 漂亮且高级？以下思路对你可能有帮助。

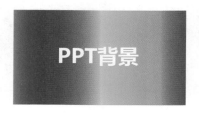

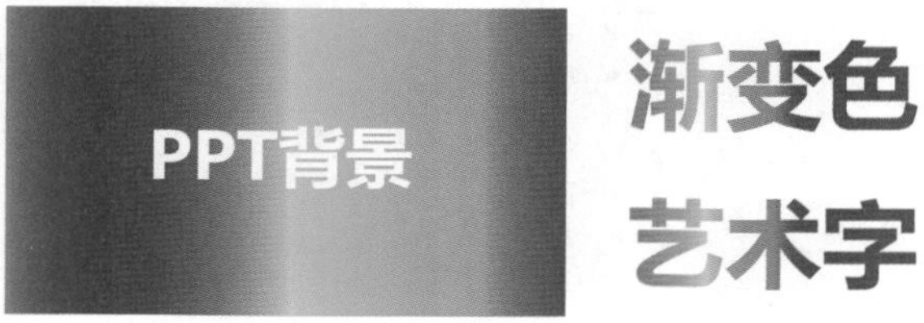

图 5-29

1 色相不宜多，双色更好驾驭

图 5-29 左侧的 PPT 背景，由于颜色（色相）过多，渐变的过渡空间有限，色彩挤压严重、变化剧烈，看上去会显得脏、乱，调整后效果如图 5-30 所示，只选择两个颜色，过渡更柔和，效果就要好很多。

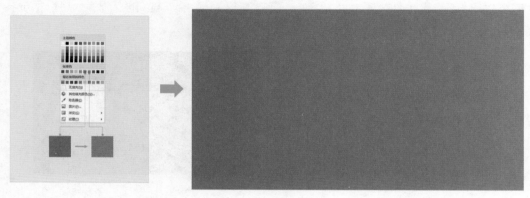

图 5-30

2 不同明度或不同饱和度渐变

使用同一颜色的不同明度或饱和度，也能得到色彩渐变的效果。图 5-31 所示为不同明度的紫色渐变；图 5-32 所示为不同饱和度的水蓝色渐变。

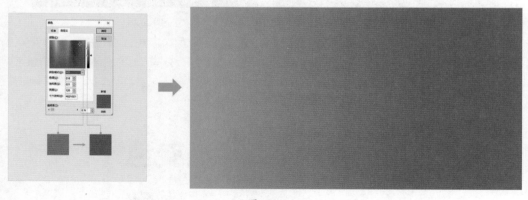

图 5-31

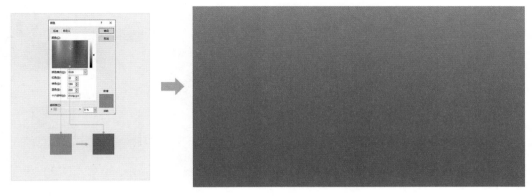

图 5-32

3　色轮邻近色渐变

12 色轮及其各种变体色轮当中的颜色排列都有一定规律，只需搜索一张规范的色轮图，取其中相邻的两色进行配色，也能配置出舒服的渐变色，如图 5-33 所示。

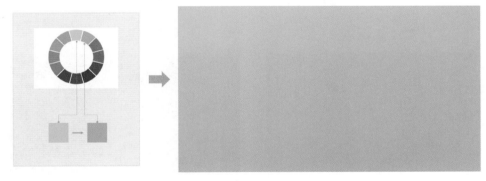

图 5-33

4　借助工具配置渐变色

借助专业的配色工具能帮助我们轻松配置出更多漂亮的渐变色。如 CoolHue 2.0 渐变色配色工具提供了大量的渐变色配色方案，找到想要的配色后，复制配色方案下方的十六进制代码，在 PowerPoint 中打开"设置形状格式"对话框，单击"颜色"按钮，选择"其他颜色"，粘贴十六进制代码即可将这个配色方案应用到PPT 中，如图 5-34 所示。

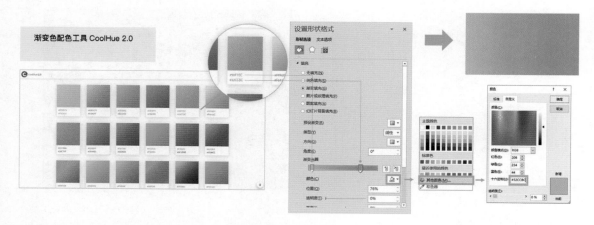

图 5-34

5 让渐变过渡更柔和

在渐变色调试过程中，要注意控制好渐变光圈的滑块。一般情况下，两个滑块过于接近会导致色彩剧烈过渡，破坏页面美感；滑块保持一定距离，留足色彩过渡空间，会使渐变更柔和，如图 5-35 所示。

图 5-35

6 找渐变色图片素材

直接在图片素材网站搜索渐变色素材图片，再通过设置页面背景和文字、形状填充等方式应用到 PPT 中，无须自己调色，操作更简单、稳妥。如图 5-36 所示，在 Pexels 网站搜索关键词"gradient（变化率）"，可以得到很多效果不错的渐变色图片。

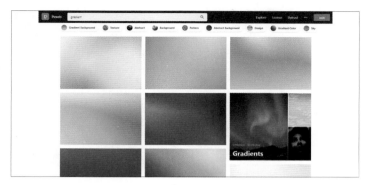

图 5-36

　　网上有很多辅助配色的网站，PPT 同样可以使用这些网站的配色方案，提升配色美感。下面就为大家推荐四个值得收藏的优秀配色辅助网站。

（1）ColorSupply

　　如图 5-37 所示，该网站基于色轮原理提供配色方案，单击色轮下方的"next"或"back"按钮，可在单色、对比色、类比色、互补色等配色规则间切换，在相应规则下拖动色轮上的点，色轮右侧和下方将自动生成配色方案和相应的渐变色配色方案。

　　该网站响应速度快、界面简洁、配色专业、操作简单，在有明确的配色规则要求的情况下，可使用该网站的配色方案为 PPT 配色。

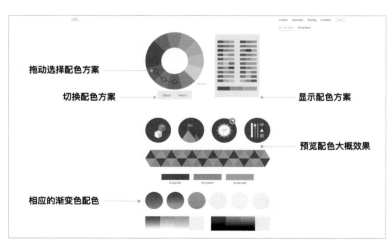

图 5-37

（2）ColorHexa

如图 5-38 所示，该网站是一个搜索式的配色工具，在首页搜索框输入一个颜色色值，网站就将给出与该颜色相匹配的配色方案，简单、直接。如有一个确定的主色调，可使用该网站为 PPT 选择完整的专业配色方案。

图 5-38

（3）Coolors

如图 5-39 所示，该网站直接提供一系列配色方案供挑选，单击颜色色块即可复制其色值，将该颜色应用到 PPT 中。

（4）WebGradients

如图 5-40 所示，该网站与前文所述 CoolHue 2.0 类似，配色案例十分丰富，可作为 CoolHue 2.0 的补充。每个案例左下角都注明了渐变色值，通过这些色值即可将该颜色应用到 PPT 中。

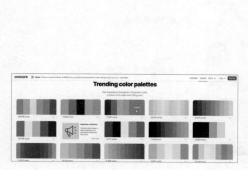

图 5-39

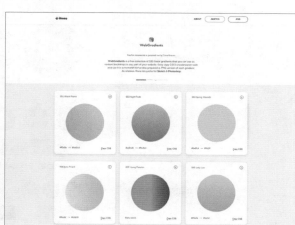

图 5-40

5.2　排版设计技巧

　　页面排版是 PPT 美化中非常关键的一步，也特别能体现出制作者的 PPT 设计水平。有些人熟悉 PowerPoint 操作，制作出来的 PPT 作品却一塌糊涂，问题就在于他们缺乏足够的排版设计知识。掌握一些基本的排版技巧，收藏些常用的优秀版式，有利于快速提升 PPT 设计水平。

关键技能 058　必学！排版设计四项基本原则

　　关于如何提升设计美感，让设计出的作品看起来更专业，世界顶级设计师 Robin Williams 在《写给大家看的设计书》一书中总结了 4 项基本原则：亲密、对齐、重复和对比。如今，Robin Williams 的四项基本原则已成设计界的金科玉律。在 PPT 排版设计中，这四项原则同样适用。

1　亲密

　　设计 PPT 时，排版须讲究层次感、节奏感。页面中存在关联或意义接近的内容要更靠拢，关联性较小或意义不同的内容稍隔开。如图 5-41 所示，左侧页面所有内容都聚拢在一起，层次关系没有很好地体现。按照"亲密"排版原则修改，副标题靠近主标题，两个子部分彼此靠近，子部分内的子内容又分别与子标题靠近，间距设置有一定差距，层次关系一目了然，既便于阅读，又具有美感。

图 5-41

2　对齐

　　PPT 排版要讲究整齐，避免散乱。

　　第一，页面内各种元素的布局要整齐。如图 5-42 所示，左侧图片布局较随意，图注文字有的左对齐，有的右对齐，显得有些凌乱。按照"对齐"原则修改，简单调整图片位置，统一图注文字对齐方式后，页面视觉效果得到提升。

图 5-42

　　第二，元素间距要统一。如图 5-43 所示，左侧页面虽然对齐方式一致，但三个子项内容及三张图片的间距有宽有窄，不甚美观。按照"对齐"原则修改，把子项内容间距、图片间距调整一致，页面排版更完美。

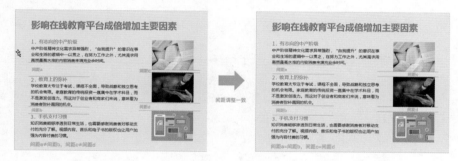

图 5-43

　　第三，内容边距相同，使视觉重心平衡。如图 5-44 所示，左侧页面内容过于靠近左上方，使得页面右下部分略显空洞。按照"对齐"原则修改，将边距调整一致，使视觉重心回到中央，看起来会更舒服。

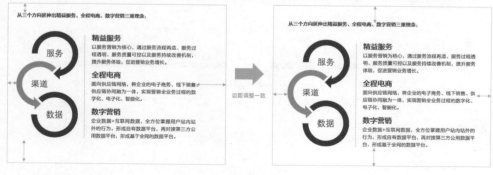

图 5-44

最后，多个页面采用同样的版面设计时，同类内容在不同页面上的相对位置也要注意对齐。如图 5-45 所示，PPT 两个产品介绍页面都采用左图右文结构排版，其文字内容的左对齐边界要一致，实现跨页对齐，视觉效果会更好。

图 5-45

3　重复

"重复"就是使封面页、目录页、过渡页、内容页、封底页反复采用相同的版式；针对同一页面来说，重复即层次结构中同级别的内容反复采用相同的格式设置，通过重复形成规范化的视觉效果。

"重复"排版可以让观众更好地把握演讲者的逻辑脉络。如图 5-46 所示，《2016 微博企业白皮书》PPT 包含了完整的封面页、目录页、过渡页、内容页、封底页，应用了"重复"技巧进行设置。

图 5-46

图 5-46（续）

4 对比

　　"文似看山不喜平"，设计也一样，页面排版需有所侧重，形成对比，才不会缺乏层次感。设计的对比，可以是字号大小对比，如标题比正文字号更大，如图 5-47 所示。

　　正文中的重点内容如果通过增大字号来强调，会影响段落间距，此时，将重点内容设置为粗体，也可实现对比，如图 5-48 所示。

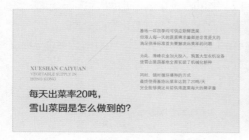

图 5-47

图 5-48

　　通过对配色色相、饱和度、明度的差异设置也可实现对比。如图 5-49 所示，页面中两部分内容通过设置不同明度的蓝色可实现对比。

　　除此之外，构成"对比"的方式还有很多，既可从内容角度来考虑，也可从设计角度来考虑；可以是文字的对比，也可以是其他素材的对比。设计中，应有意识地制造"对比"，并根据实际需要把控好"对比"强度。

图 5-49

关键技能 059　封面页经典版式

为让观众对你的演讲有个良好的第一印象，封面页的排版设计尤其重要。下面介绍一些封面页的经典版式，供大家参考。

（1）内容居中型

封面页信息相对较少，内容居中对齐，页面会更简洁，如图 5-50 所示。

如封面页有主题或有富有表现力的词句，采用书法字体排版效果更佳，如图 5-51 所示。

图 5-50　　　　　　　　　　　　　　图 5-51

（2）内容居左型

内容居左的版式符合从左到右的常规阅读习惯，方案、总结类 PPT 封面多用这种排版方式，如图 5-52 所示。

（3）内容居右型

页面背景素材主要图形靠左时，采用内容居右的版式能在一定程度上给人耳目一新的感觉，如图 5-53 所示。

图 5-52　　　　　　　　　　　　　　图 5-53

（4）非全屏型

前述三种封面类型均基于全屏型版式设计。当图片素材不适合使用全屏型设计时，竖式图可以将标题文字放在左侧，如图 5-54 所示；横式图可采用上下型构图版式，标题文字下沉到页面下方，如图 5-55 所示。

图 5-54   图 5-55

　　一般内容较多的 PPT，有必要在封面页之后设置目录页，以便在讲主要内容前，让观众对整个 PPT 的内容框架有个大概的认识。目录页最常规的排版设计方式是参考书籍目录，罗列内容条目（主要展示框架结构，一般无须标注对应页码），如图 5-56、图 5-57 所示。

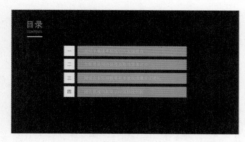

图 5-56   图 5-57

　　此外，基于封面的风格特点，可使用图片素材设计目录，如图 5-58 所示页面采用左边图、右边目录的版式；而如图 5-59 所示页面，则采用的是图片作为背景的版式。

图 5-58   图 5-59

　　如果目录项较少，文字内容也较少，还可基于整个 PPT 风格特点，融合色块、图标设计目录，如图 5-60、图 5-61 所示。

图 5-60

图 5-61

按照内容逻辑，PPT 往往要分成若干个部分来讲述，各部分需要过渡页来衔接。过渡页最好基于整个 PPT 的风格来设计，如图 5-62 所示。

图 5-62

过渡页也可基于目录页进行设计。如图 5-63 所示，过渡页保留目录页的基础设计样式（背景），放大其中的目录项，这种过渡页设计方式相对简单，效果也不差。

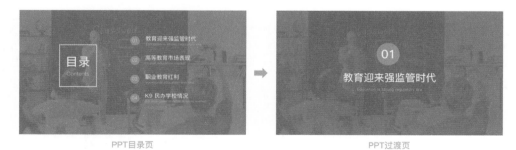

图 5-63

如图 5-64 所示的过渡页，则仍保留整个目录框架，但在目录项中放大了当前项，对非当前项进行暗化处理。这种过渡页设计能让观众在每部分内容的开头都对整个 PPT 内容有个全局性的回顾。

PPT目录页   PPT过渡页

图 5-64

效果类似的还有参照网页、UI 界面而设计的导航栏、菜单型目录，如图 5-65 所示。

此外，目录页、过渡页上的项目编号，不拘于1、2、3……或A、B、C……这样的常规序列，根据 PPT 的风格，还可选择罗马数字序列（Ⅰ、Ⅱ、Ⅲ……），大写中文数字序列（壹、贰、叁……）等其他序列。

图 5-65   图 5-66

关键技能 062   内容页经典版式

内容页的排版设计没有具体的规定，应根据页面上的具体内容和元素灵活变化。内容页图文混排主要有以下经典版式。

（1）基于阅读习惯

按照先上后下、先左后右的常规阅读习惯对内容进行排版，标题置于最上方，正文部分根据图文先后顺序，采用左文右图的方式布局，如图 5-67 所示。

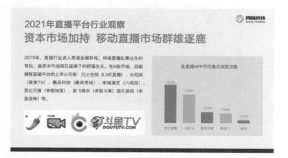

图 5-67

（2）左右分

文字内容占据页面一侧，配图占据另一侧，适合高质量、竖式图片素材排版，如图 5-68 所示。

图 5-68

（3）多等分

页面有多个并列内容时，可采用该结构，划分份数建议不超过四份，如图 5-69 所示，页面是三等分结构。

（4）全屏型

图片素材质量较高的情况下，可采用全屏型排版，如图 5-70 所示。另外，内容页较多时，全部相同的版式，容易让观众觉得千篇一律，丧失阅读兴趣。在适当位置插入若干全屏型版式页面，可打破内容的乏味感。

图 5-69

图 5-70

（5）基于图示

当页面有图示（图表、SmartArt 图形等）时，可根据图示特征来确定内容排版方式，排版设计尽量确保图示的呈现效果，如图 5-71 所示。

图 5-71

　　封底页主要配合演讲者的结束语而设计，页面上的内容多为礼貌性的感谢词句。封底页的设计可以简单一些，直接在页面上写上"谢谢观看""Thanks"之类的文字即可，如图 5-72 所示。当然，也可在封底页上设置联系方式（电话、邮箱、微信二维码等），如图 5-73 所示。

图 5-72　　　　　　　　　　　　　　　　　　　图 5-73

　　如果想让封底页内容丰富一些，可添加地图，以便更直观地呈现公司或单位的地理位置，如图 5-74 所示；还可在封底页上添加世界地图或中国地图，呈现公司的城市发展计划或已落地城市等，展现公司实力的同时，也可以让封底页更显大气。

图 5-74

　　另外，基于封面页版式进行修改，也是封底页设计的一种方式，如图 5-75 所示。

图 5-75

　　页面背景优劣直接关系到 PPT 呈现效果的好坏，甚至可以说，有一个好的 PPT 背景，PPT 设计就成功了一半。设计 PPT 背景，以下五个思路可供参考。

　　（1）纯色背景

　　PPT 背景设计，最简单的莫过于选择一个合适的纯色作为背景，如前文所述灰色背景。某些内容选择不常见的有彩色纯色作为背景，效果也不错，如图 5-76 所示。比起白色背景，有彩色纯色背景更不容易让页面空洞。

　　（2）渐变色背景

　　采用渐变色作为背景，色彩层次更丰富，视觉效果更佳，如图 5-77 所示。

图 5-76　　　　　　　　　　　　　　　　　图 5-77

　　（3）图片背景

　　图片作为背景，更生动、直观，但一般都需对图片进行一些处理，使页面内容得以更好呈现。处理方式一：参照前文介绍的图片透明度设置方式，将图片调整为半透明，如图 5-78 所示；处理方式二：为图片或文字内容添加半透明矩形作为遮罩，暗化图片。

图 5-78

　　（4）小图标背景

　　挑选与 PPT 主题相关的小图标，整齐排列后填充整个页面，使之成为页面底纹，如图 5-79 所示。

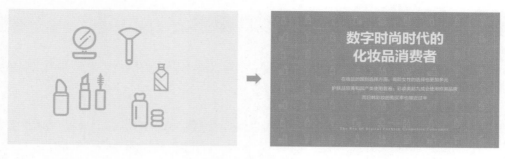

图 5-79

（5）创意背景图

直接在网上搜索背景图也是一个好方法。如图 5-80 所示，在 Pexels 网站上搜索关键词"background"，可以找到大量的创意背景图。

图 5-80

此外，还可以在素材网站上直接搜索"Low Poly（低多边形）""abstract（抽象）"等关键词，找到一些流行的创意背景素材，应用到 PPT 中，如图 5-81、图 5-82 所示。

图 5-81

图 5-82

在一些企业或品牌介绍 PPT、商业计划书 PPT 中，常常会涉及产品展示的内容。在 PPT 中，如何制作出设计感更强的产品展示页面呢？

（1）营造空间感

通过设置阴影、三维旋转等效果，让产品图片更立体；同时添加矩形，将页面背景设置为明度接近的双色拼接效果，这样，就设计出了一个富有空间感的页面，产品展示生动且有高级感，如图 5-83 所示。

此外，还可直接在网上搜索优质的空间感图片素材，应用到 PPT 中作为背景，辅助产品展示，营造更真实的空间感，如图 5-84 所示。

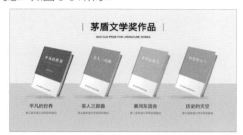

图 5-83

图 5-84

（2）借助样机展示

网站、软件类产品展示，可添加样机，将产品界面还原到设备中进行展示，如图 5-85 所示。

（3）电商风排版

参照电商产品展示风格，将无底色产品图片融合到页面中进行创意排版，效果也不错，如图 5-86 所示。

图 5-85

图 5-86

团队成员展示也是很多企业或品牌展示 PPT、商业计划书 PPT 会涉及的一种内容类型，那么，如何提升这类页面的设计感？

1 多彩化

多彩的设计，更能展现团队群英荟萃、思想活跃的状态和精神面貌。无团队成员图片时，添加一些色块辅助展示，也可避免页面过于平淡，从而提升设计感，如图 5-87 所示。

图 5-87

2 头像化

很多时候，团队成员照片素材比例不一、背景不同，直接插入页面，排版效果并不会太好。在这种情况下，可将照片裁剪为矩形、圆形等规则形状，使图片具有相同的轮廓外观，然后再进行排版，视觉效果会更好，如图 5-88、图 5-89 所示。

3 抠图排版

对团队成员照片进行抠图处理，可让照片与某个形状融合得更自然，从而制作出更有设计感的团队展示页面，如图 5-90 所示。

图 5-88

图 5-89

图 5-90

关键技能 067 PPT "时间线" 排版设计思路

当我们需要在 PPT 中展示发展历程、发展计划等内容时，使用"时间线"版式，比纯文字描述更清晰、直观。虽然借助 SmartArt 图形中的"流程"类图形，也可以快速完成"时间线"版式的设计，但其视觉效果常常显得有些普通，如图 5-91 所示。

如需更有设计感、更不一样的"时间线"版式，可在页面中自行设计。接下来介绍三种常用的具有设计感的"时间线"版式。

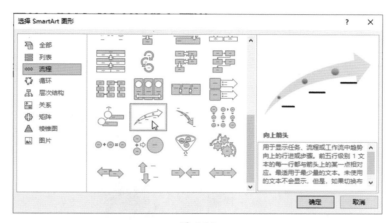

图 5-91

1 蜿蜒时间线

在页面中添加一些直线、弧线，根据需要进行连接、组合，使线条覆盖整个 PPT 页面，再添加一些圆形作为时间节点，最后再配上文字，一个时间线页面就做好了，如图 5-92 所示。这种"时间线"版式适合节点较多的展示 PPT。

2 横向时间线

时间线在页面中从左到右横向布局（位于上、下方均可），各节点内容从左到右依次展开，适合制作发展计划类、工作排期类 PPT，如图 5-93 所示。

图 5-92   图 5-93

③ 纵向时间线

时间线在页面中从上到下纵向布局，各节点内容从上到下依次展开，配图排版更方便，非常适合结合"推入"切换动画跨页展示发展历程、大事件，如图 5-94 所示。

图 5-94

关键技能 068 **"形状"在 PPT 排版中的用法**

随着 PowerPoint 版本的不断升级，PPT 中的"形状"功能越发强大，"合并形状"功能让我们可以在 PPT 中随心所欲地编辑、创造想要的形状，满足各种设计需要，如图 5-95 所示。

图 5-95

在 PPT 排版中，"形状"（尤其是"矩形）用处非常多，作用非常大，很多问题都可通过"形状"来解决。接下来具体介绍"形状"的一些用法。

1 作为遮罩，弱化背景

在页面排版中，尤其是全屏型版式下，页面背景如果是一张整图，直接添加文字，容易受背景干扰，文字难以清晰显示，此时添加一定透明度的矩形作为蒙版，覆盖在图片上，既能确保图片显示完整，又能让其上文字内容更清晰。在页面上添加一个纯色半透明矩形，如图 5-96 所示。

添加自上而下、从透明到半透明的渐变矩形，确保页面中的文字清晰显示，如图 5-97 所示。

图 5-96   图 5-97

添加由右到左的，从不透明到透明的渐变矩形，既让文字清晰显示，也能隐藏图片中右侧不重要的部分，如图 5-98 所示。

图 5-98

2 作为垫底，归置内容

添加规则化的形状作为衬底，将不规则的文字、PNG 图片等其他元素归置到一起，可以使页面更整齐。如图 5-99 所示，添加白色衬底后，文字显得更整齐，与右侧图片的匹配度更高。

图 5-99

再如图 5-100 所示，页面中有三个不同的 PNG 小图标，虽然下方文字均排列整齐，但视觉上仍显得有些分散，添加圆角矩形衬底归置内容后，看上去更加整齐。

如图 5-101 所示的这种多 LOGO 页面，由于 LOGO 本身形态不一，纯 LOGO 排版很难做到整齐美观，添加一些形状衬底归置内容后，LOGO 便具有了相同的外部轮廓，可更好进行排版。

图 5-100

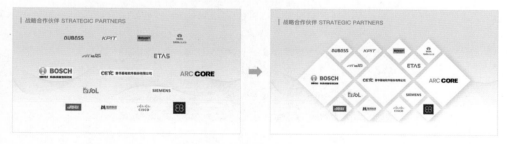

图 5-101

③ 视觉分割，创意排版

在页面上添加形状，特别是较大的矩形，可对页面进行视觉分割，提升版面设计感。如图 5-102、图 5-103 所示，通过矩形将页面分割为相对独立的左右两部分，分别进行排版。

图 5-102　　　　　　　　　　　　　　图 5-103

如图 5-104、图 5-105 所示，通过矩形将页面分割为上下两部分，页面层次感更强。

图 5-104　　　　　　　　　　　　　　图 5-105

使用矩形横向、纵向分割页面，打破固有视觉格局，版式更灵动，富有创意，如图 5-106、图 5-107 所示。

图 5-106　　　　　　　　　　　　　　图 5-107

④　装饰点缀，辅助设计

为增强页面设计感或避免页面空洞，可适当添加形状作为装饰性元素。如图 5-108 所示的空心圆形（页面外部分已裁切）、如图 5-109 所示的三角形（页面外部分已裁切）。

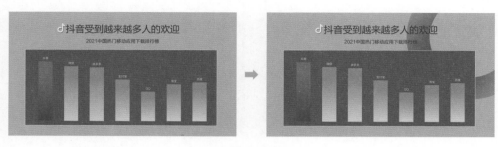

图 5-108

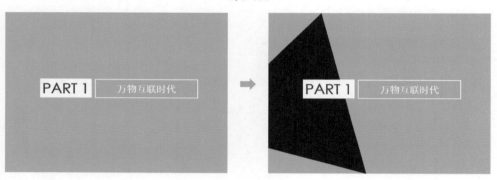

图 5-109

创意排版必学！"幻灯片背景填充"的用法

在 PowerPoint 中，对形状、文本框等元素进行"填充"设置时，其中有一个选项是"幻灯片背景填充"，即从该元素下方的幻灯片背景图中截取相应部分图片填充当前元素。充分利用"幻灯片背景填充"这一特殊的填充方式，巧妙设计幻灯片背景，可以在页面排版设计、动画设计等方面创造更多可能（设计原理如图 5-110 所示）。下面就具体来说说"幻灯片背景填充"的三种代表性用法。

图 5-110

1 聚焦细节

步骤 01 插入图片，并将图片裁剪至与幻灯片页面相同大小；按下【Ctrl+C】组合键复制，如图 5-111 所示。单击"设计"选项卡下的"设置背景格式"按钮，打开"设置背景格式"对话框；在对话框中选择"图片或纹理填充"，单击"剪贴板"，将复制的图片设定为幻灯片背景。

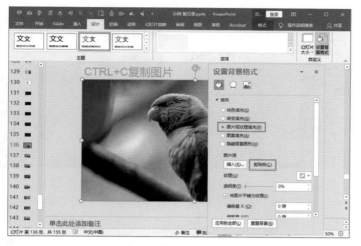

图 5-111

步骤 02 再次选中插入的这张图片，单击"格式"选项卡下的"艺术效果"选项中的"虚化"效果，并单击"艺术效果选项"按钮，打开"设置图片格式"对话框。在"艺术效果"设定中，调节虚化的半径值，让图片更模糊，如图 5-112 所示。

图 5-112

步骤 03 插入一个"形状"，以圆形为例，右击该"形状"，在弹出的快捷菜单中选择"设置形状格式"命令，打开"设置形状格式"对话框；在对话框中选择填充方式为"幻灯片背景填充"，形状轮廓线条设为白色实线，如图 5-113 所示。

经过上述设置后，可以看到，"形状"中显示的内容为幻灯片背景图片，即未虚化的原图，而背景为虚化后的图片。拖动"形状"到其他位置，其中显示的内容会同步调整，从而让这个"形状"有了聚焦图片局部细节的效果，如图 5-114 所示。

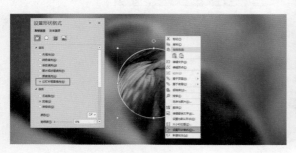
图 5-113

图 5-114

同理，我们还可以对背景图片层进行调暗处理，使作为页面前景的"形状"具有点亮局部的效果，如图 5-115 所示。

还可以将图片放大（通过裁剪状态下的圆形控点调整，让图片尺寸保持不变，内容放大）后，再设为幻灯片背景，背景图片层则保持不变，这样，作为页面前景的"形状"就有了放大镜的效果，如图 5-116 所示。

图 5-115

图 5-116

② 玻璃蒙版效果

为页面背景图设置虚化效果，随后复制该背景图作为页面前景，且取消其虚化效果，再在前景图片上方添加一个矩形，设置"幻灯片背景填充"，该矩形便可以形成类似玻璃蒙版的效果（为强化玻璃蒙版的感觉，可再添加一个白色内阴影效果），从而降低局部区域的干扰，便于文字内容的排版，如图 5-117 所示。

图 5-117

3 局部遮蔽效果

设置"幻灯片背景填充"后，文字可以遮挡形状，从而可以随心所欲地裁切形状、交错排版，无须单独对形状进行合并和节点编辑等处理。如图 5-118 所示页面，采用"幻灯片背景填充"的中、英文文本框，遮蔽了部分圆形线条，看上去像是文字自然地穿过圆形线条，使得文字与线条在版式上结合得更为紧密。

图 5-118

同理，将文字转换为形状后，再于其上层添加"幻灯片背景填充"，可以制作出如图 5-119 所示的文字穿透文字效果。

图 5-119

对于一些本身有一定层次感的图片，如图 5-120 所示这种山脉图，本身就有天空层、山脉层两个视觉层次，可以通过添加任意多边形勾勒山体走势，再进行"幻灯片背景填充"，将其做成隐形遮蔽层，文字置于原图和隐形遮蔽层（任意多边形）之间，便可以在 PPT 中轻松完成这种看似很难实现的入图文字效果的制作。

图 5-120

此外，"幻灯片背景填充"对于 PPT 动画效果设计也有帮助。如图 5-121 所示的这种让电视屏幕滚动展示某些界面，使静态图"动"起来的效果，常规做法是先将原图的电视屏幕中间部分抠除，再将各界面图置于原图下层添加路径动画。而在"幻灯片背景填充"的帮助下，只需将原图设为幻灯片背景，做好界面图路径动画后，在电视图片左右两侧添加两个"幻灯片背景填充"的矩形便可轻松实现。

"幻灯片背景填充"用法还有很多，限于篇幅，这里不再一一列举，大家可以在制作 PPT 的过程中有意识地去尝试、研究。

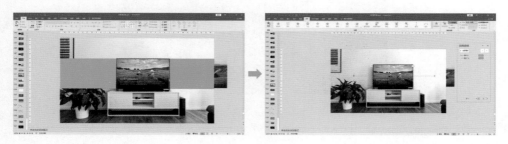

图 5-121

关键技能 070　排版设计没灵感？这些网站常浏览

多浏览一些专业设计网站和优秀的 PPT 作品，有助于积累更多优秀的版式，提升自己的设计素养，轻松应对各种内容的 PPT 的排版设计。常用的优秀设计网站如下。

（1）花瓣网

如图 5-122 所示，该网站是专门收集设计灵感、素材的网站，在其中可浏览各类优秀设计。

与花瓣网类似的综合性设计网站还有站酷网、Awwwards、Dribbbe 等。

图 5-122

（2）BaubauHaus

如图 5-123 所示，该网站汇集各种潮流海报设计图，紧跟潮流设计趋势，可以在此网站积累封面页排版创意。

图 5-123

（3）iSlide365

如图 5-124 所示，该网站是 iSlide 插件旗下模板库网站，有大量 PPT 案例和模板，相比其他同类网站，其作品质量更高，经常浏览可提升 PPT 设计水平。

图 5-124

第6章

PPT媒体与动画应用的11个关键技能

6.1 媒体素材的应用技巧

PPT 中的媒体素材主要是指视频、音频和屏幕录制素材，如图 6-1 所示。本节将为大家介绍这三种素材的使用技巧。

图 6-1

关键技能 071　使用视频素材的注意事项

声音与画面相结合、具有动态表现力的视频素材对 PPT 可以起到补充、丰富的作用，能够使 PPT 更生动。很多企业的发布会 PPT 中都会插入视频，以打破长时间看文字、图片等静态内容带来的沉闷感，重新唤起现场观众的兴趣。

一般来说，在 PPT 中使用视频素材要注意以下几点：一是视频本身质量要好，内容质量差、不知所云的视频，或清晰度太低的视频反而会影响 PPT 的质量；二是有目的地使用视频，不能为了放视频而放视频；三是一份演讲型 PPT 一般放 1~2 个视频即可，不管怎样，制作 PPT 的目的主要还是讲述，视频过多易喧宾夺主；四是尽量全屏播放视频，如有多个视频，尽量一页只放一个视频。

此外，视频放在什么位置也有讲究。

（1）放在开头

视频在演讲主要内容前播放，可以让观众对主讲人要讲述的内容建立良好的第一印象，有助于观众接受主讲人的观点或结论。要注意视频的播放时间不宜过长。

（2）放在中间

视频放在演讲中间，能够起到调节气氛、激发观众兴趣的作用。一般建议独立成页放置视频，而不要像图 6-2 所示，夹在页面内容中间。

图 6-2

（3）放在末尾

视频放在演讲的主要内容之后，可根据情况灵活选择是否播放，便于控制时间。若视频质量够高，还能起到升华主题的作用，给观众留下更深刻的印象。

视频放在哪个位置需结合演讲者的演讲水平、视频质量、实际需求、场合等因素进行选择，比如，在路演比赛中，若对自己的舞台表现比较有信心，建议将视频放在最后播放；公司产品发布会，为产品定制的精彩介绍视频，建议在演讲中间宣布产品正式对外发布前播放。

关键技能 072　非常高级！视频素材还能这样用

相信在大多数人的概念里，PPT 中的视频都是以观看为目的的素材，其实视频作为装饰性素材来用效果也很不错。下面就给大家介绍 PPT 中两种不一样的视频素材用法。

1　用作页面背景

在一些知名企业的网站上，常常可以看到以视频为背景的页面，如蚂蚁集团官网（如图 6-3 所示）、腾讯招聘官网等。这种形式的背景视觉效果非常震撼。在 PPT 中，为表现企业价值主张、企业愿景等内容的页面设置视频背景，效果也不会差。

图 6-3

设置视频背景的具体操作步骤如下。

首先，在幻灯片中插入视频，将视频设置为与幻灯片同样大小，并设为自动播放、循环播放、静音播放；然后在视频上层插入一个与幻灯片同样大小的矩形，设为黑色，透明度为 50%（具体数值根据实际效果可再调整），作为遮罩层，避免文字信息在动态视频上显示不清晰；最后再添加文字等其他信息即可，如图 6-4 所示。

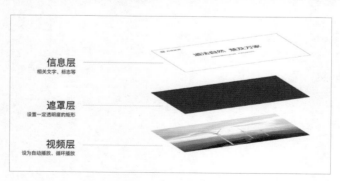

图 6-4

这样，一个高级感满满的动态视频背景页面就完成了。有的人可能会想，既然视频背景效果不错，那何不把每个页面都做成视频背景？由于视频文件大，加之动态背景多少会影响页面上文字内容的阅读，所以，不建议所有页面都用视频作背景。

② 用作文字背景

同理，利用视频的动态属性，我们也可以让文字动起来，具体操作方法如下。

首先，将视频插入幻灯片，设为自动播放、循环播放、静音播放，视频大小可根据文字覆盖范围进行调整；然后在视频中插入一个与页面同样大小的矩形，并通过"合并形状"操作剪除需要做文字特效的文字，使该矩形变成镂空；最后在矩形上添加文字等其他信息即可，如图 6-5 所示。

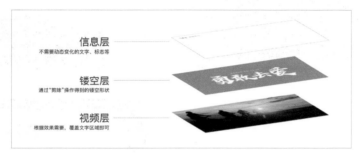

图 6-5

放映该张幻灯片时，我们会看到，视频在矩形的下一层自动播放，仅有一部分透过镂空部分可见，从而形成了一种独特的文字动态填充效果，如图6-6所示。换用不同的衬底视频就可以获得不同的填充效果，适应各种 PPT 风格，是不是简单又高级？

图 6-6

关键技能 073 视频素材的两个细节处理技巧

PowerPoint 为视频素材配置了裁剪、淡入淡出、颜色调整等多种工具，无须借助其他剪辑软件就能进行基础的修改，让视频素材更好用。在对视频素材进行处理的过程中，有两个细节能起到为 PPT 加分的作用。

1　设置视频封面

很多视频素材插入 PPT 后，默认都显示为纯黑色，如图 6-7 所示，在非自动播放的设定下，如同黑屏。条件允许的情况下，可以自己设计一个图片，作为视频封面，效果会更好。要为视频设置封面，要先选中视频，然后单击"视频工具"中的"格式"选项卡下的"海报框架"按钮，在下拉菜单中选择"文件中的图像"选项，在弹出的资源管理器窗口找到并选中自己设计好的封面图片即可，如图 6-8 所示。

图 6-7

图 6-8

设定好封面后，视频控件上会显示"标牌框架已设定"提示信息，如图 6-9 所示。

当然，也可以截取视频中的一帧画面作为封面。播放视频，看到想要设定为封面的画面时，单击"海报框架"按钮，在下拉列表中选择"当前帧"即可。

图 6-9

2　营造场景感

有些适合非全屏、小尺寸播放的视频素材（如画面精度不足以支撑全屏播放的视频，或页面上还有其他重要内容使得视频素材尺寸必须缩小），可添加样机素材，与视频素材组合使用，使缩小尺寸播放的视频仍然具有一定的质感，如图 6-10 所示。

图 6-10

为让视频更好地嵌入样机，最好使用正面角度的样机素材。实在没有正面角度的样机素材时，则需要通过"视频工具"中"格式"选项卡下的"视频效果"按钮，微调视频的旋转度。

关键技能 074 好用！这个音频小设置能帮大忙

对于视频和音频类素材的处理，PowerPoint 提供了一个叫作"书签"的工具。通过书签，可以对视频和音频的播放位置进行标记，从而实现在视频和音频不同播放位置间快速切换，如图 6-11 所示。

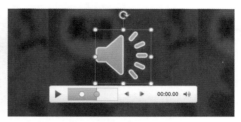

图 6-11

以音频素材为例，这个书签工具对于某些课件 PPT 就很有帮助。如语文、英语课常常要让学生听一些课文朗读、听力练习之类的音频，而且要反复听音频中的某一段内容。这种情况下，通过拖动进度条的方式手动切换，很难一次切换到位，还会浪费课堂时间。如果使用书签提前做好标记，切换起来就简单多了。具体操作步骤如下。

准备课件时，将音频插入 PPT 并选中音频，单击播放按钮，通过"音频工具"的"播放"选项卡的"添加书签"按钮标记音频，根据需要将音频划分为不同部分，或将其中可能需要反复听的部分标记出来，如图 6-12 所示。播放到该页 PPT 时，通过【Alt+End】（切换到下一个点）和【Alt+Home】（切换到上一个点）组合键即可轻松在不同的标记位置间切换，无须再手动拖动进度条。

图 6-12

关键技能 075 记住这几组快捷键，PPT 录屏更好用

在制作 PPT 时，有些内容以录屏方式把操作过程录制下来展示，可讲解得更清楚。为满足这方面的需求，微软公司在 PowerPoint 2016 及以后的版本中加入了屏幕录制的功能，如图 6-13 所示。PPT 中的屏幕录制，可自由选择录制区域，软件内外的屏幕内容都可以录，还可录制鼠标、声音，导出时清晰度也不错，足以满足日常办公需求。

屏幕录制操作方法比较简单，单击"插入"选项卡下"屏幕录制"按钮，即可打开屏幕录制工具进行录屏操作。PPT 中屏幕录制的快捷键如下。

开始 / 暂停录制：Windows 键 + Shift + R

彻底停止录制: Windows 键 + Shift + Q

选择录制区域: Windows 键 + Shift + A

录制整个屏幕: Windows 键 + Shift + F

录制鼠标: Windows 键 + Shift + O

录制声音: Windows 键 + Shift + U

图 6-13

关键技能 076　音、视频无法正常播放? 这样就解决了

问题 1: 因格式不支持,音、视频无法插入页面

PowerPoint 2019 支持几乎所有常用音、视频格式,因此,使用 PowerPoint 2019 基本不会有音、视频无法插入的问题。如果在制作 PPT 时遇到了此类问题,可将音、视频素材转换成常见的 wav、wmv、mp3、mp4 格式,再进行插入操作。

格式转换推荐使用小丸工具箱,特别是视频类素材,不仅可以转换格式,还能在确保一定清晰度的前提下压缩视频,如图 6-14 所示。

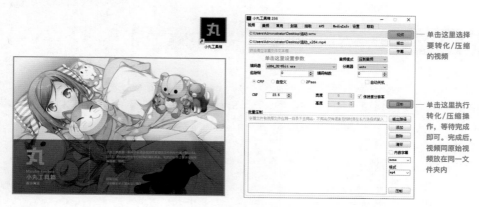

图 6-14

如果文件较小，还可通过在线工具网站进行格式转换操作，这里推荐使用 Convertio，其界面简洁，音频、视频、图像等都可转换，操作非常简单。

问题 2： 在自己计算机上正常，拷贝到别人计算机后音、视频却无法使用

有的计算机没有安装微软 Office 或安装了低版本的 Office，在功能缺失的情况下，音、视频素材及某些动画效果、字体特效等都有可能无法正常使用和显示。这种情况下，可以将 PPT 打包成 CD 保存，再拷贝到其他计算机，便能正常开启和播放这个 PPT，如图 6-15 所示。

图 6-15

将 PPT 打包成 CD 保存后会生成一个文件夹，这个文件夹中包含 PPT 文件及以链接方式插入 PPT 的相关文件，如 Excel 文档、Word 文档、背景音乐、视频等，可免去一一查找这些文件，再逐一拷贝的烦琐过程。

不可缺少的 PowerPoint view 2007

使用刻录光驱将打包的 PPT 文件夹刻录到光盘中后，在没有安装微软 Office 的计算机也能播放 PPT，不过仍然要求此计算机中安装有"PowerPoint view 2007"软件（比 Office 软件安装包小很多）。因此，为确保万无一失，在刻录 CD 时可将 PowerPoint view 2007 软件一并刻录在 CD 中，在用 CD 播放 PPT 文件前，先安装 PowerPoint view 2007。

关键技能 077 视频、音频素材哪里找？推荐这几个网站

前文给大家推荐了一些好用的图片素材网站，其中有些图片素材网站同时还提供视频类素材，这里再给大家推荐几个专业的视频、音频素材网站。

（1）爱给网

如图 6-16 所示，这是一个免费素材网站，能找到很多不错的视频、音频素材，可使用 QQ 号登录。网站每天会赠送铜币，使用铜币即可下载资源。

（2）Coverr

如图 6-17 所示，这是一个专业视频素材网站，有很多实拍视频素材，可免费下载。

（3）Bensound

如图6-18 所示，这是一个国外的专业音频网站，其音频素材均可免费下载，无版权问题。绿色按钮为试听，黑色按钮为下载，使用起来简单方便。

图 6-16

图 6-17

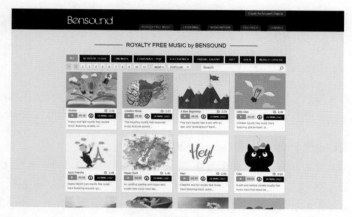

图 6-18

6.2　动画设计应用技巧

　　从最早的锐普 PPT 大赛一等奖作品《惊变》，到近些年苹果公司发布的宣传短片《别眨眼》，每次有优秀的动画 PPT 出现时，总能引发热议，之后会产生各种版本的模仿。没有人敢低估 PPT 的动画制作能力，即便是在 PowerPoint 2003 时代，也有人用 PPT 制作出不输 Flash 的动画。然而，作为非职业设计师的使用者，大多数人其实并不需要把动画做得那么精细、炫酷。在一般的 PPT 中，使用过于复杂的动画，反而显得主次颠倒，影响内容的传达。学习 PPT 动画，首先应树立正确的观念，即尽量不要投入过多时间在动画上，不要过分追求酷炫的动画。

关键技能 078　页面间切换，优先掌握这八种动画效果

　　我们常说的 PPT 动画，其实包含了针对幻灯片页面的切换动画和针对幻灯片页面上元素的自定义动画两类，接下来说说切换动画。新手需要注意，在当前页面选定一种切换动画，所设置的是切换至当前页面或当前页面出现时的动画效果，而不是由当前页面切换至下一个页面时呈现的动画。PowerPoint 2019 提供了 48 种切换动画，建议优先掌握以下 8 种。

① 淡出

　　淡出是最常用的一种效果，若你不想在动画上花太多时间，将所有页面切换效果都设为"淡出"，是最不容易出错的选择。"淡出"动画有两种子效果可选，一种是直接柔和呈现，另一种是全黑后呈现。一般内页切换采用前者为宜，而封面页、成果发布页等观众期待的页面切换，建议使用后者。在"全黑后呈现"的"淡出"效果下，适当把动画的"持续时间"延长些，并采用中央型排版方式效果更佳，如图 6-19 所示。

图 6-19

② 推入

　　在两页内容有关联的情况下，推荐使用"推入"的切换方式。

　　"推入"动画有四种子效果，即推动方向为上、下、左、右，如图 6-20 所示，两页幻灯片切换时，选择自底部向上的推入动画，能够将两页幻灯片的时间线连起来，看起来更自然。

　　值得注意的是，连续使用同一种"推入"动画，很容易造成视觉疲劳。因此，不适合"推入"的页面版式，尽量不用"推入"动画切换。

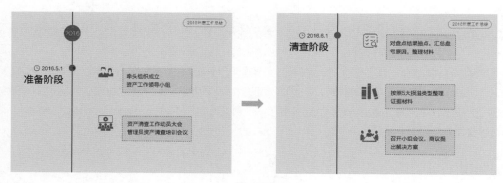

图 6-20

3　擦除

　　"擦除"效果有点类似屏幕"刷新"。当一部分内容讲完，要开始讲新的内容，需要进行话题转换时，用这种效果过渡非常合适。在课件类 PPT 中使用，还能模拟擦黑板的感觉。如图 6-21 所示课件，页面采用了黑板式背景，从上一节的"圣经文学"切换至下一节的"罗马文学"内容时，选择"擦除"的切换方式，效果自然，有一定的真实感。

　　"擦除"动画有八种子效果，一般根据书写和阅读习惯，选择从左向右擦除即可。

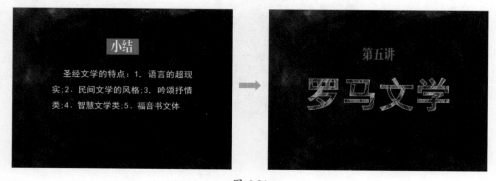

图 6-21

4　显示

　　"显示"动画切换相对缓慢，能展现前、后两页渐退、渐现的过程，适合用于一些情绪性页面呈现。如图 6-22 所示，从感恩寄语切换至追忆往昔的照片墙，使用"显示"效果有一幕幕往事从记忆里泛起的感觉。"显示"切换也有四种子效果，可不同的内容进行选择。

图 6-22

5 形状

在"形状"切换的几种子效果中，一般使用默认的圆形形状切换，这种切换方式与我们常在电视中看到的、人物陷入回忆时的画面转场相似，在电子相册类 PPT 的人物页与景物页切换中使用，也能产生一种追忆往昔之感。

6 飞过

与 ios 系统进入桌面时的动画效果相似，当幻灯片版式与手机桌面类似时（如九宫格图片墙），使用该切换方式会让人感觉熟悉又亲切。

另外，该动画还有放大内容的效果。如果当前幻灯片为比较重要的概念、核心论点、成果展示、产品展示等内容时，使用该动画能够起到隆重开启、特别强调的作用，如图 6-23 所示的"四个'伟大远征'"页面应用"飞过"切换方式，不需要对文字单独添加自定义动画中的"缩放"动画，依然能够获得放大、强调的效果。

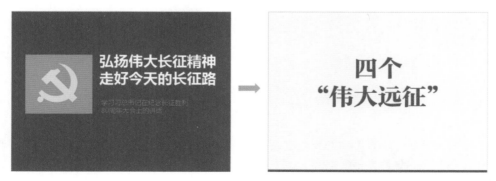

图 6-23

7 翻转

"翻转"是富有空间感的沿轴旋转的切换方式，用在 16：9 尺寸、左右排版的 PPT 页面中，有种旋转门的感觉。若前页幻灯片版式为左图右文，后页幻灯片版式为右图左文，视觉效果更佳，如图 6-24 所示。

图 6-24

8 平滑

"平滑"在 PowerPoint 2013 中称为"变体"。当前、后两页幻灯片未含有相同的文字、图片或形状等时，该动画与"淡出"效果相同；当前、后两页幻灯片中含有相同的文字、图片或形状等时，则两页幻灯片将平滑地发生改变，看上去只有页面元素在变，而页面本身似乎没有改变。

使用该切换效果的关键在于前、后幻灯片中必须含有相同的文字、图片或形状等元素，如前页幻灯片有椭圆 1，后页幻灯片有椭圆 2，无论椭圆 2 的大小、角度、色彩与椭圆 1 有怎样的不同，都可以产生"平滑"切换效果。

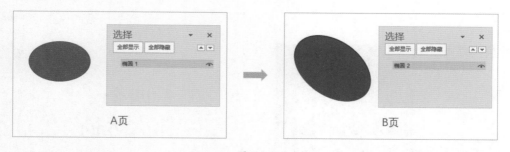

图 6-25

利用"平滑"动画的这些特点，巧妙安排前、后两页幻灯片的内容，就能制作出既流畅又出色的动画效果。下面简单介绍一些用法，供大家参考。

大小与位置变化：在 PPT 窗口左侧的导航缩略图中右击 A 页，在弹出的快捷菜单中选择"复制幻灯片"命令，此时在 A 页后新建了一页与 A 页一模一样的页面 B 页。接下来，在 B 页上对需要修改的某些对象（如

图 6-26 所示的 LOGO 椭圆）进行缩放、移动等操作。调整完成后，应用"平滑"切换，A 页椭圆将变成 B 页的椭圆，而页面本身不改变。

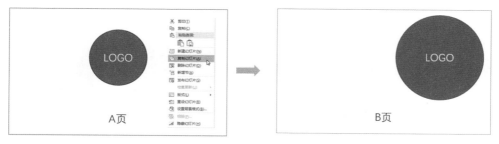

图 6-26

旋转变化：同理，新建 B 页后，打开"设置形状格式"对话框，设置"旋转"参数，如图 6-27 所示。调整完成后，应用"平滑"切换，可以看到，在完全感觉不到换页的情况下，形状对象发生了旋转变化。设置这种切换动画时，建议把切换时间稍微缩短，让旋转速度快一些，显得更自然。

图 6-27

压缩变化：同理，在 B 页中将某个形状的高度设置为一个极小值，使该形状变成一条直线，如图 6-28 所示。调整完成后，应用"平滑"切换，就可以看到，页面似乎未变，而原来的形状却压缩成了一条线。这种压缩变化搭配旋转变化同时使用，效果会更好。

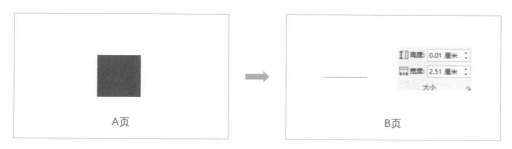

图 6-28

形状变化：由正方形变为圆形，这种"形变"动画又该怎么做？在 B 页中使用"更改形状"的方式是无法实现的，因为"更改形状"后，PowerPoint 不会再将变成椭圆后的矩形与 A 页的矩形认定为同类对象。

实现这种形状变化往往需要借助一个特殊图形，即圆角矩形。该图形本身可以通过形变控制点调整为多种形态，按住 Shift 键画出的长宽等比例的圆角矩形，在 A 页上将其调整为正方形，在 B 页上将其调整为圆形，应用"切换"动画，便实现了正方形变成圆形的平滑切换，如图 6-29 所示。

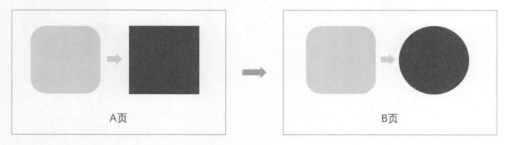

图 6-29

由一变多：使用"平滑"切换还可以制作出一个对象变为多个对象的效果，实现方法就是叠放：在 A 页中将多个对象叠放在其中一个对象之下，被该对象完全遮盖，复制创建出 B 页后，将这些对象释放出来排版，使其不再被遮盖即可，如图 6-30 所示。

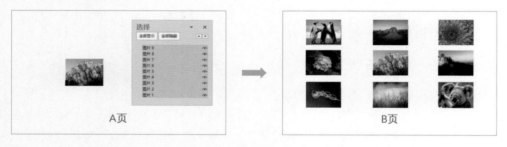

图 6-30

文字变化：文字"平滑"切换的前提是前后两页的文本框中的文字内容有相同的字符。文字的"平滑"变化需在效果选项中选择"字数"或"字符"才有效。如图 6-31 所示，B 页的文本框较 A 页的文本框新增了文字，此时需要选择"字数"效果。

图 6-31

再如图 6-32 所示，B 页中仅有一个"销"字与 A 页相同，此时则需要选择"字符"效果。

要注意，即使前、后两页有相同的文字、图片或同类的形状，但后页中的元素添加了"自定义动画"，再添加"平滑"切换效果也无法获得想要的效果。

图 6-32

 Tips | **幻灯片切换的时间掌控**

幻灯片切换须注意两个时间：一是切换动画的持续时间，即设置好的动画的时长，这个时间一般保持默认即可，个别可进行手动调节；二是切换时间，即在当前幻灯片页面上的停留时间。系统默认单击鼠标时切换，若设置为自动换片，播放时只会在该页面按设定的时间停留。完成 PPT 制作后，进行排练计时所设置的时间也是切换时间，在排练计时的基础上微调切换时间更高效。

关键技能 079 制作自定义动画的注意事项

自定义动画，即添加在页面元素上的动画效果。新手须注意"动画"选项卡与"切换"选项卡的区别，一般来说，只有选中幻灯片页面上的某个对象（图片、形状、文本框、图表等）后，才能激活"动画"选项卡的相关功能。PowerPoint 2019 的自定义动画列表，如图 6-33 所示。

图 6-33

制作自定义动画，需要注意以下三点。

1 有目的地使用自定义动画

添加自定义动画主要有如下三个作用。

其一，让页面上的内容有序呈现。当页面上的内容只是在说一件事或只有一个段落时，其实没有必要添加自定义动画，直接使用"切换"动画即可。当页面上有多件事或有多个段落时，便可以配合演讲节奏通过添加自定义动画让内容依次呈现，如图 6-34 所示的幻灯片含有三层内容，分别添加自定义动画，使其逐一呈现在页面上。

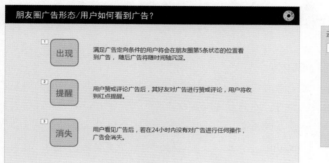

图 6-34

其二，强调页面上的重点内容。当页面上有重点内容需要着重突出时，除了在字号、颜色上强化，还可通过添加自定义动画来进行强调。如图 6-35 所示，通过添加 "缩放"进入这一动画来实现对"企业电子商务绝非是局部优化"这句话进行特别强调。

图 6-35

其三，引起关注。页面上大多数内容是静态的，若为其中的部分内容添加一个自定义动画，这部分内容更容易引起观众注意。如图 6-36 所示，为了引起观众对"简约"一词的关注，故意将该词从原文本框中拆分出来，单独添加自定义动画进行强调。

图 6-36

再如图 6-37 所示，为了让观众关注"压轴楼王"四个字，在图上沿着楼宇的轮廓绘制了一个半透明的任意多边形，并为其设置重复播放的自定义动画来强调。

图 6-37

2　用简单不夸张的自定义动画

大家都知道，自定义动画包含进入、强调、退出和动作路径四种类型，每一种类型又根据动画效果的强弱程度分为基本型、细微型、温和型、华丽型，很多 PPT 高手制作的炫酷动画大多是使用多个动画组合实现的。在日常的 PPT 制作中，设置 PPT 动画要简单、合适，而不是复杂、特别。较为夸张的自定义动画，如弹跳、玩具风车等，会很容易"抢戏"，一般情况下不建议使用；而一些相对简单的自定义动画，如淡出、擦除，有一定的动感又能让观众注意力始终保持在内容上，大多数情况下使用起来效果都还不错。

以下自定义动画可作为常用选择。

进入动画

如图 6-38 所示，"淡出"是非常经典的效果，比"出现"要柔和、自然，无论是文字、图片还是形状使用都很合适。

如图 6-39 所示，"浮入"可上浮或下浮，用在一些重点内容上，可以起到特别强调、提醒关注的作用。

如图 6-40 所示，PowerPoint 2019 中没有颜色打字机这一动画效果，需要类似的效果，可用擦除动画代替。有多行文字时，需在每行末尾按【Enter】键换行，才能实现逐行"擦除"。

如图 6-41 所示，"轮子"动画包括圆形、圆环、弯曲的线条等形状，使用该动画可表现绘制过程，雷达扫描、倒计时数字刷新等也可利用该动画制作。

如图 6-42 所示，"缩放"可用于强调某些重点元素或重点文字内容。当元素较大时，可选择以页面为中心的缩放方式。

如图 6-43 所示，"旋转"以纵向轴对称转动，小图标进入页面时选择这种动画，看起来会更活泼。

如图 6-44 所示，"压缩"需在"添加更多进入效果"对话框中选择，单行文字、小结论采用该动画呈现，效果不错。

图 6-38　图 6-39　图 6-40　图 6-41　图 6-42　图 6-43　图 6-44

 Tips ── **如何在 PowerPoint 2019 中添加旧版 PowerPoint 动画？**

PowerPoint 2003 中的颜色打字机、放大、投掷等动画在 PowerPoint 2019 中都被取消了。不过，如果使用 PowerPoint 2003 制作 PPT 时用了这些动画，在 PowerPoint 2019 中打开这个 PPT，这些动画效果依然可以正常显示。因此，利用"动画刷"工具，可以从某个 PowerPoint 2003 制作的 PPT 中将被取消的这些动画效果"刷过来"使用。

退出动画

如图 6-45 所示，退出动画与进入动画是刚好呈逆向变化。

一般来说，讲完当前页内容直接选择切换动画切到下一页即可，无须用退出动画将元素一一退出。大量内容在同一个页面展示或在一些复杂动画效果中，多种动画组合应用时，常用退出动画使某个元素退出页面后，新的内容或元素再出现。

常用的退出动画如图 6-45 所示。

图 6-45

强调动画

如图 6-46 所示，"脉冲"动画一般在需要让某个元素引起观众特别关注时使用。在使用"脉冲"动画时大多会同时添加"重复"效果，使对象如同心跳或呼吸般持续运动。

如图 6-47 所示，"陀螺旋"动画一般对某些中心对称的元素使用，如太阳、车轮等，是一种颇具真实感的动画效果。

如图 6-48 所示，"放大/缩小"动画一般多用"放大"实现强调，可根据需要精准设定放大或缩小的比例。

如图 6-49 所示，"彩色脉冲"与"脉冲"作用相同，"脉冲"是通过大小变化引起关注，而"彩色脉冲"则是通过颜色变化来引起关注，其变化颜色可根据页面风格自由设定。

图 6-46　　图 6-47　　图 6-48　　图 6-49

 Tips ── **如何让一个动画重复出现？**

在动画窗格中选中需要重复出现的动画，按下【Enter】键即可打开"动画属性设置"对话框。在对话框中有三个选项卡：效果、计时、正文文本动画。通过设置其中的选项，可对动画效果进行进一步调试。如在"放大/缩小"动画中，可通过对话框设置动画放大/缩小的具体比例；在"彩色脉冲"动画中，可通过对话框设置脉冲变化颜色；若要让一个动画重复展示，则可通过对话框的"计时"选项卡进行设置。重复方式可以是重复具体的次数后停止，也可以是单击时停止。

动作路径动画

"弹簧""中子"等图形路径的使用频率不高，一般只需要掌握向左、向右和自定义路径即可。PowerPoint 2019 在动作路径动画的使用方便性上有了很好的改进，动画的开始和结束位置都有虚影指示，如图 6-50 所示，对运动的轨迹可以更好地把控，即便是非专业动画设计师也能轻松做出多个动画组合成的复杂动画效果。

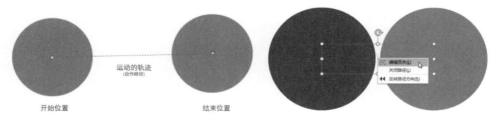

图 6-50

动作路径动画的路径也能进行顶点编辑（直线路径无法进行编辑），且操作方法与形状的顶点编辑基本相同，不再重复讲解。

③ 合理把握自定义动画的节奏

时间过快或过慢都有可能让动画变得突兀。设计自定义动画应基于内容去把控各元素出现、退出、强调等动作的节奏，通过对自定义动画的"四个时间"进行合理设置，可以让动画效果更自然。

开始时间：即动画在什么时候开始。当页面上有多个动画时，通过这一选项可以设置动画间的衔接方式，如图 6-51 所示。若要让两个或多个动画同时播放，选择"与上一动画同时"。

持续时间：即该动画效果持续多长时间。可直接输入，单位为秒，如图 6-52 所示。想让一个动画慢一些，就把时间设置得长一些；想让动画快一点，则把时间设置得短一些。

延迟时间：和"与上一动画同时"这一开始方式结合使用，可在整个页面的时间轴上更灵活地调配各动画效果的先后顺序，如图 6-53 所示。如当前页面有一个椭圆动作路径动画和一个文本框出现动画，想设置当椭圆运行到某个位置时，文本框才出现，此时便可以把椭圆的动画设置为第一个动画，文本框动画设置为第二个动画并选择"与上一动画同时"，然后观察椭圆运行到指定位置的时间，将文本框的动画按该时间延迟即可。

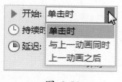

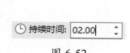

图 6-51　　　　　　　　图 6-52　　　　　　　　图 6-53

时间轴：依次按下【Alt】→【A】→【C】打开"动画窗格"对话框，在这里可以看到当前页面添加的所有动画，这些动画也都按其开始方式、先后顺序排列在时间轴上，如图 6-54 所示。

图 6-54

选择某个动画后按住鼠标上下拖动，可改变动画开始的先后顺序。当鼠标放置在动画的持续时间（即时间轴上的那些色带）上并变成黑色双向箭头◄─►时，拖动即可改变动画的开始时间；鼠标放置在动画持续时间末尾并成◄╟►形时，拖动即可改变动画的持续时间。

关键技能 080 高手爱用！七个必学的动画小技巧

下面再介绍一些 PPT 高手常用的、普通使用者日常制作 PPT 也用得上的七个动画技巧。

1 图层叠放

将相同或不同的元素叠放在一起，能做出独特的效果。如文字的光感扫描，便可通过两层文字叠放来实现，具体操作方法如下。

步骤 01 将文字（文本框）复制一份，并将复制后的文字颜色设置为与原文字颜色不同（具体根据幻灯片背影颜色和原文字颜色来选择，一般使用白色、灰色更佳），为复制后的文字（本例中的灰色文字）添加“阶梯状”进入动画（自左下方向）和一个“阶梯状”退出动画（自右上方向），退出可延迟一定时间，如图 6-55 所示。

步骤 02 将复制的文字叠放在原文字上方，完全遮盖原文字，如图 6-56 所示。这样，一个针对文字的光感扫描动画就完成了。

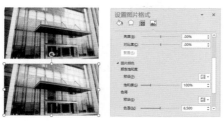

图 6-55

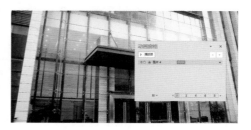

图 6-56

同理，叠放用在某些图片素材上，还能制作亮灯动画效果。

步骤 01 插入一张亮灯状态的图片，随后复制一份，调节其中一张图片的亮度、饱和度，使之去色、变暗（类似关灯的效果），如图 6-57 所示。

步骤 02 将原图叠放在去色后的图片上，添加“淡出”动画，并适当增加该动画的持续时间，使图片更缓慢地出现，使“灯光亮起”的过程更为自然，如图 6-58 所示。

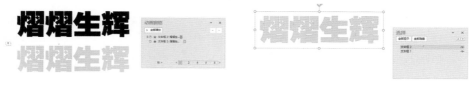

图 6-57

图 6-58

此外，还可以通过叠放制作由模糊到清晰的镜头调焦效果；若精通 Photoshop，在 Photoshop 中调整某个元素的光照变化，并导出从不同角度打光的多张图片，便可在 PPT 中制作出超有质感的移动照射效果。

② 溢出边界

PPT 放映时，只会显示页面内的元素，而利用幻灯片页面外这一特殊位置，却能制作出一些特殊的动画效果，如胶片图片滚动，具体方法如下。

步骤 01 将所有要展示的图片设置为高度相同整齐排列的一行并组合在一起。最左侧的一张图片对齐幻灯片的左边界，任由部分图片溢出幻灯片右边界，如图 6-59 所示。

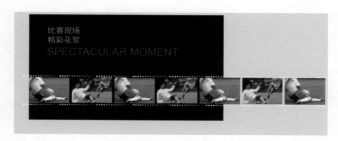

图 6-59

步骤 02 为组合好的图片添加一个向左的动作路径动画，适当调整路径动画的结束位置，使最右边一张图片的右边界刚好对齐幻灯片页面右边界。根据图片的数量，再调节路径动画持续时间，为让图片全程匀速移动，可在动画属性对话框中调整开始与结束的平滑时长，如图 6-60 所示。

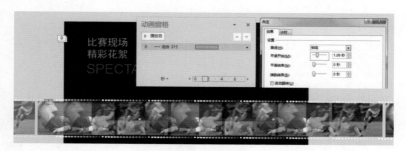

图 6-60

在网页上常常看到的图片轮播动画也可利用该原理在 PPT 中实现，具体操作步骤如下。

步骤 01 将图片插入幻灯片（本例以纯黑色为背景），插入图片的数量随意，本例以三张广告图为一组，两组图片切换轮播。将所有图片剪裁为相同尺寸。接下来，将一开始要出现在页面上的三张图片（广告1、广告2、广告3）排列在页面上，再将轮播动画后切入的三张图片排列在幻灯片页面外，并通过对齐按钮使这六张图片顶端对齐、横向分布间距一致；之后，将页面内的三张图片、页面外的三张图片分别组合到一起；在页面上添加蓝色、红色两个矩形作为动画触发按钮，如图 6-61 所示。

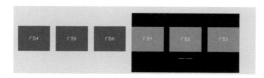

图 6-61

步骤 02 选择页面内三张图片构成的组合（本例中的组合20，绿色图），添加"向右"的路径动画，开始时间为"单击时"，在按住【Shift】键的同时拖动动画结束位置的小红点，将该动画结束位置设定在三张图片刚好平移到幻灯片页面外的位置（广告1图片刚好移出幻灯片页面外）。同理，将页面外的三张图片构成的组合（本例中的组合21，棕色图）也添加"向右"的路径动画，开始时间为"与上一动画同时"，其动画结束位置设定在组合20当前位置，如图6-62所示。经过上述设置，放映时单击鼠标，便会看到组合20移出幻灯片页面的同时，组合21移入页面。

图 6-62

步骤 03 在动画窗格中，选中组合20按下【Enter】键，打开动画属性对话框，在对话框中切换至"计时"选项卡，单击"触发器"按钮，在"单击下列对象时启动效果"选项中选择"矩形7"，即红色矩形。随后，单击"确定"按钮，返回动画窗格，将组合21动画拖动到组合20下方。这样，刚刚设定好的动画就会在单击红色矩形时启动（想要预览时无法像普通动画一样单击动画窗格上的"播放自"按钮，只能进入放映状态看效果），如图6-63所示。

图 6-63

步骤 04 为了让两组图片能够循环切换轮播，再次选中组合21，添加"向右"路径动画，开始时间依然是"单击时"。不过，这一次需要将结束位置的小红点，平移拖动至刚刚组合 20 路径动画的结束位置，即幻灯片页面右侧边界外；而开始位置的小绿点则要平移拖动至当前组合 20 所在位置，即步骤 2 中为组合 21 添加的路径动画的结束位置，如图 6-64 所示。

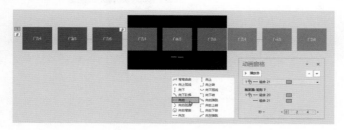

图 6-64

步骤 05 同理，再次为组合 20 添加"向右"路径动画，动画开始时间为"与上一动画同时"。动画的开始位置设为当前组合 21 所在位置，动画的结束位置设为当前组合 20 所在位置，如图 6-65 所示。

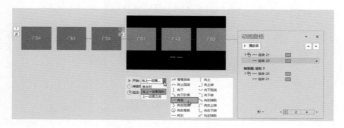

图 6-65

步骤 06 在动画窗格中，将组合 21 第二次添加的路径动画开始方式改为单击矩形 6（蓝色矩形）时开始，并将组合 20 第二次添加的路径动画拖动到其后，如图 6-66 所示。为让图片轮播效果更好，建议将四个路径动画的持续时间都设为 01:00。

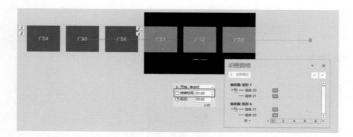

图 6-66

经过上述步骤的操作，进入放映状态时我们可以看到，单击红色矩形，广告 1、广告 2、广告 3 三张图片向右移出，而广告 4、广告 5、广告 6 三张图片则同时移入；单击蓝色矩形，广告 4、广告 5、广告 6 三张图片移出，广告 1、广告 2、广告 3 三张图片移入，实现了网页中常见的图片轮播效果，如图 6-67 所示。

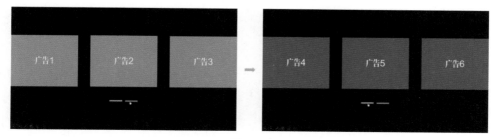

图 6-67

另外，透明 Flash 动画中常见的箭头来回移动动画也可利用同样的原理，通过"飞入"这一简单的自定义动画来实现，步骤如下。

步骤 01 在幻灯片页面外左、右两侧添加两个箭头形状，并将箭头前方背对幻灯片页面，分别为这两个箭头添加飞入动画，向左的箭头自右侧飞入，向右的箭头自左侧飞入。两个动画的开始时间设置为同时。为让效果更真实，可将其中一个动画的持续时间设置得稍长一些，与另外一个箭头的持续时间形成视觉差，如图 6-68 所示。

图 6-68

"平滑"切换动画时，利用溢出边界也可以做出从无到有的特殊效果，如图 6-69 所示。

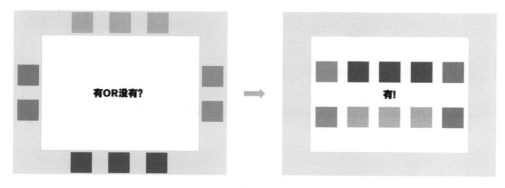

图 6-69

3　形状辅助

制作动画时，通过添加形状可以实现播放过程中画面由 4:3 到 16:9 的尺寸切换，具体操作步骤如下。

步骤 01 在当前 4:3 的页面中添加一个 16:9 的矩形，等比例拉伸或缩小至与幻灯片页面宽度相同，并使其水平和垂直居中；沿着矩形上下边缘分别添加两个纯黑色的矩形，如图 6-70 所示。

步骤 02 把 16:9 的矩形删除，将内容排版在两个黑色矩形之间。为上、下两个矩形分别添加自顶部飞入和自底部飞入动画，动画设置为同时开始，并置于当前页面所有动画的最前面，如图 6-71 所示。这样，当 PPT 播放到该页时，出现的黑色矩形便会将屏幕压缩为宽屏，视觉上就像页面比例变化一样，使得一些宽幅图片素材可以不必再做裁剪。

图 6-70　　　　　　　　　　　　　　　　图 6-71

利用线条、任意多边形等形状还可以标记图片，让静态的地图"活"起来，具体步骤如下。

步骤 01 将地图中的道路用半透明的曲线描出来，重要的区域用半透明的任意多边形勾勒、遮盖，重要的点位使用泪滴图形指示、添加标注……总之，对静态的平面图上需要表现的要点都用形状标记出来，如图 6-72 所示。

图 6-72　　　　　　　　　　　　　　　　图 6-73

步骤 02 接下来，为这些形状分别添加自定义动画，比如所有道路都添加"擦除"动画，泪滴图形添加"浮入"动画，任意多边形添加"出现"动画，某个重要位置，比如本例中的"我的位置"还可以添加一个重复的上下移动路径动画，最后根据需要调整这些动画的出现时间，如图 6-73 所示。

使用动画效果须注意统一性和差异性

逻辑上同级别的页面、元素等使用同样的动画，可达到从动画层面强化PPT逻辑的作用。但是，过多雷同的动画效果也容易使观众感到乏味。

因此，逻辑上不同级的页面、对象等的动画应进行差异化应用，或根据页面的具体内容稍作变化。

此外，还可以设置渐变色填充的椭圆形按自定义路径移动，作为模拟光源；利用波浪形动画，添加向左移动路径动画，可制作流动的水面效果；利用多个圆环形，可制作涟漪效果。

4 效果组合

同一个对象同时添加多种动画效果，即动画组合使用，比单独使用一种动画效果更丰富。适当掌握一些比较常用的动画组合，可应对日常制作PPT过程中对动画的某些特殊需求，如陀螺旋和动作路径动画同时使用，步骤如下。

选择本例中的太阳素材，添加进入动画"出现"；在"出现"之后添加强调动画"陀螺旋"，开始时间设置为"上一动画之后"，设置重复效果为"直到幻灯片末尾"；接下来，继续添加动作路径动画"弧形"，并将开始时间设置为"与上一动画同时"；稍微编辑一下"弧形"路径的顶点，延长路径动画的持续时间，添加了多个自定义动画的太阳素材便具有了一边旋转一边升上天空的动画效果，如图 6-74 所示。

同理，在用 PPT 制作电子相册时，通过"放大/缩小"和动作路径动画组合，可用一张静态图片在 PPT 中做出镜头摇移（拉近或拉远）效果。

将图片（制作这种镜头拉近或拉远效果的图片素材最好比幻灯片页面稍大些，图片质量也应稍高一些）等比例拉伸至占满整个幻灯片页面（本例中的红线范围），对图片添加强调动画"放大/缩小"，设置放大比例（能够放大到镜头想要对准的目标且图片不变模糊即可，本例设为110%）；接下来，继续对图片添加动作路径动画（根据想要的图片对焦点位置情况进行选择，本例选择的是向下）；再稍微调整一下路径的结束位置，即镜头移动对焦的方向，并确保图片移动后仍能占满整个幻灯片页面；取消路径动画的平滑开始与平滑结束，让镜头摇移对焦全过程匀速进行；调整完成后，将动作路径动画设置为与"放大/缩小"动画同时即可，如图 6-75 所示。

图 6-74

图 6-75

　　当页面上仅有一张图片素材时，如何做出丰富的动画？方法有很多，如将图片裁剪成几个部分，做成拼合的动画效果。

　　按照本书前文介绍的方法，将图片裁剪成几个部分（本例中裁剪为三个部分），为使效果更佳，最好是有一定设计感的异形裁剪（本例将其裁剪为两个梯形部分和一个平行四边形部分）；接下来，为图片各部分添加交错动画效果（让图片交错进入，最终拼合成一张整图，本例中左右两部分为向下浮入，中间部分为向上浮入）；最后，再将各动画开始时间设为同时，如图 6-76 所示。拼合动画可打破从整体到局部的视觉习惯，带来从局部到整体的新鲜感。这种动画效果在很多视频广告中可以看到，但不一定适合所有的图片。

图 6-76

　　除了拼合效果，还可以将图片复制成不同大小、不同色调的多张图片，制作图片随机闪现的动画效果。

　　首先将原图复制三份，拉大，调整成多种色调（本例中为灰调、蓝调、绿调），再复制两份，裁剪放大局部（本例中的带边框的帆船小图和带边框的海洋小图）。先对后面的三张大图按灰、绿、蓝的顺序分别添加淡入、消失动画，实现三张图的闪动出现（消失动画的开始时间为上一动画之后）；然后设置帆船小图和海洋小图同时淡入，之后又同时消失；最后原图缓慢淡出（持续时间稍长），如图 6-77 所示。这样，就形成了一张不同色调，局部、整体随机闪现，最后原图映入眼帘的动画。这里只是简单示意，实际制作过程中还可将图片的位置排布得更灵活一些，各种图片反复闪现次数增加，效果会更炫酷。

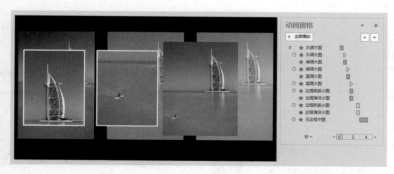

图 6-77

6　真实感

　　模拟真实场景的动画，有时并不需要多高超的技巧，关键在于想法、思路。如卷轴展开的动画，按如下步骤即可轻松完成。

　　将卷轴（无底色 PNG 图片）素材复制两份，充当左、右两边的画轴，重叠在一起置于幻灯片页面水平中央位置，再将卷轴内图片进行裁剪，调整为合适的尺寸，置于卷轴图层之下，同样设为水平居中；接下来，分别为两根卷轴添加向左、向右的动作路径动画，为图片添加"由中央向左右展开"的"劈裂"动画，并将三个动画的开始时间设置为同时开始；稍微调整"劈裂"动画的持续时间，使其能跟上卷轴的移动，如图 6-78 所示。这样，一个模拟卷轴展开的动画就做好了。

图 6-78

　　又如，在 PPT 中可以制作出模拟城市探照灯照射的动画。

步骤 01 等比例插入一个等腰梯形，增加其高度，减少宽度，设置从白色到透明的渐变填充（本例设置参数：位置 0%，透明度 31%，亮度 95%；位置 39%，透明度 50%，亮度 0%；位置 100%，透明度 100%，亮度 0%），无轮廓色，即完成了一束光的制作；然后，将其复制成为两长、两短四份，将这四束光末端拼接起来，两根长光、两根短光分别组合，并将两个组合交叉放置在一起，形成一个 × 形，如图 6-79 所示。

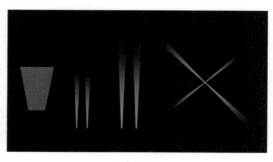

图 6-79

步骤 02 将城市图片素材复制一份，通过抠图将城市图片的前景部分（红色线条以下）抠出来，叠在原城市图片之上，如图 6-80 所示。

图 6-80

步骤 03 将做好的两组光放在城市前景与原城市图片之间，并为两组光分别添加顺时针和逆时针的重复"陀螺旋"强调动画，如图 6-81 所示。此时，原本静态的城市图片上就有了两道射向夜空的动态光。

图 6-81

⑦ 辅助页面

为了达到某种动画效果，可以添加形状辅助，也可以添加页面辅助。如制作揭幕效果，可以先在目标页面前添加一页纯红色页面，再在目标页面选择"拉帷幕"这一切换动画即可，如图 6-82 所示。

图 6-82

另外，有些自动播放类PPT，为实现停顿或叙事场景切换，也会添加辅助性的纯黑色页面。

由于篇幅有限，更多动画技巧还需大家自己去探索。虽然我们不一定非要学很多复杂的动画制作方法，但多研究PPT高手的作品，对提高自己的PPT设计水平很有帮助。

关键技能 081　很多人都还不会用！特殊动画——缩放定位

"插入"选项卡下的"缩放定位"虽然未被列入"切换"动画，实际上它是一种富有空间感的页面切换方式，非常适合用在企业发展历程、产品展示、地图展示等PPT中。

具体操作方法如下。

步骤 01 完成所有页面设计后，在PPT起始位置添加一张空白页面（将该页背景简单设置为黑色或黑色渐变或使用一张具有空间场景感的图片作背景），如图6-83所示。

步骤 02 单击"插入"选项卡下"缩放定位"按钮，打开"插入幻灯片缩放定位"对话框，在该页面插入除该页外所有幻灯片页面的"幻灯片缩放定位"（两种缩放定位，一是幻灯片缩放定位，是切换时每按一次右键，就以富有空间感的方式平移到下一页面；二是摘要缩放定位，是自动建立新的摘要页面，与步骤1等效。但切换时，按一次右键将先返回查看所有页面，再按一次右键才会进入该页。两种效果都还不错，根据需要选择），如图6-84所示。

图 6-83

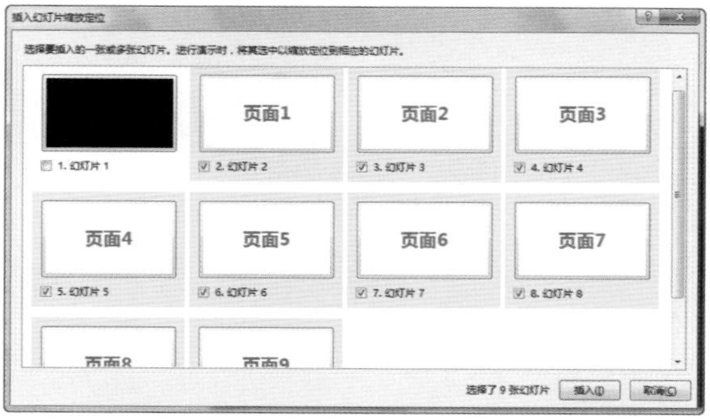

图 6-84

步骤 03 接下来将插入该页面的幻灯片像排图片一样进行排版即可，如图6-85所示。放映该页面时，单击插入的某个缩放定位，即可快速切换至该页面。

根据风格需要，使用特定场景图片作背景，效果会更好。如图6-86所示的企业大事记展示页面，将页面缩放定位插入相框中（对插入的缩放定位进行旋转、拉伸、压扁等操作，不会影响其链接的相关页面），单击某个照片即可切换到相应页面，这样的动画效果就具有了交互性，看起来很高级。

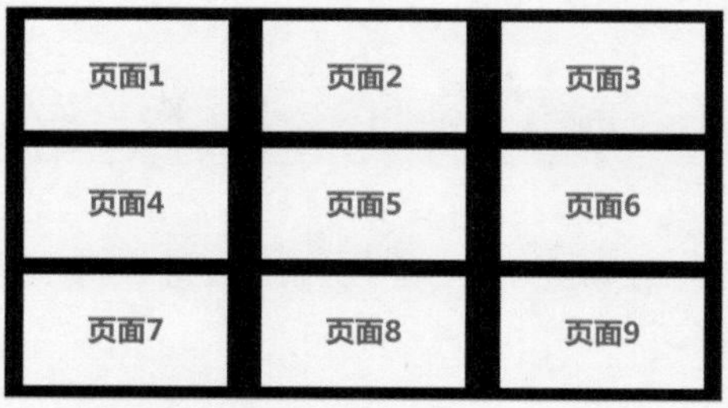
页面1
页面2
页面3
页面4
页面5
页面6
页面7
页面8
页面9

图 6-85

THE DEVELOPMENT OF THE COMPANY
页面3
页面4
页面2
页面1
页面9
页面10
页面7
页面5

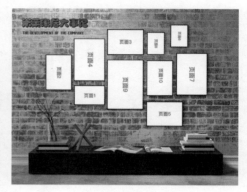

图 6-86

7

PPT制作效率提升的12个关键技能

7.1 PPT 内有助于提高效率的功能

随着 PowerPoint 不断升级，功能也不断完善。PowerPoint 2019 提供了很多人性化的功能，如前文提到的"更改图片""主题变体"，如图 7-1 所示。更全面地掌握 PowerPoint 2019 提供的各种人性化功能用法，非常有助于提升制作 PPT 的效率。

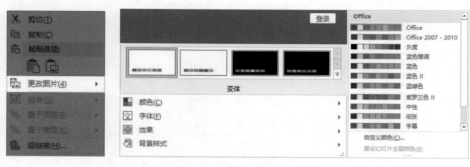

图 7-1

关键技能 082 快速统一格式！格式调整效率提升小技巧

当多个元素或内容都需要采用同样的格式，如多个文字内容采用相同的字体、字号、配色，多张图片应用同样的图片效果，多个元素采用相同的自定义动画等，逐一手动设置必然要耗费大量的时间，而借助下面这些工具操作则会方便很多。

（1）格式刷

格式刷是专为提升格式调整效率而生的一个小工具。选中源格式内容（文字、图片、形状等均可），单击格式刷按钮 ❖ 格式刷 ，即可复制该内容的格式，鼠标变成 ᴬᴵ 形态时，单击需要改变格式的目标内容，目标内容就应用了与源内容相同的格式。每单击格式刷一次，只能"刷"一次格式，而双击格式刷，则能一直"刷"，直至按【Esc】键退出格式刷使用状态。

（2）动画刷

与格式刷原理相同，只不过格式刷是复制粘贴内容的格式（字体、颜色、效果等），动画刷是复制粘贴内容的自定义动画。同样是单击只能"刷"一次，双击则能一直"刷"，直至按【Esc】键退出动画刷使用状态。

（3）替换字体

当我们做好一份 PPT 之后，想要更换 PPT 内的某个字体，在内容较多时，逐一更换会非常麻烦。好在 PowerPoint 2019 提供了"替换字体"功能，可以轻松解决这一问题。单击"开始"选项卡下的"替换"按钮，在下拉菜单中选择"替换字体"，打开"替换字体"对话框；在对话框中，在"替换"选择框内选择需要替换的字体，在"替换为"选择框中挑选目标字体，单击"替换"按钮，即完成了字体的替换，如图 7-2 所示。

图 7-2

（4）设为默认文本框 / 形状

在 PPT 中，右击已设置好字体、字号、字体颜色等格式的文本框，在弹出的快捷菜单中选择"设置为默认文本框"命令，即将该文本框设为该份 PPT 内文本框的默认样式，之后插入的文本框都将自动应用该默认格式（之前已插入的文本框不发生改变）。设置默认形状的操作方法和文本框相同。设置默认文本和默认形状的菜单界面如图 7-3 所示。在开始制作 PPT 时即设定好默认的文本框 / 形状，既有利于风格统一，也在一定程度上减少了重复性操作。

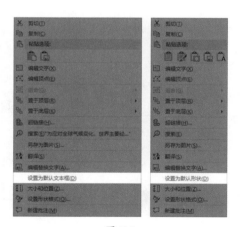

图 7-3

关键技能 083 让页面设计更高效！排版效率提升小技巧

页面内容的设计、排版，是 PPT 制作过程中相对较为耗费时间和精力的环节。若能善用 PowerPoint 的母版、参考线、选择窗格等功能，则能够大大提升排版效率。

1 母版的运用

单击"视图"选项卡下的"幻灯片母版"按钮，即将 PPT 切换到母版管理界面。母版是整份 PPT 的版式规范，在"幻灯片母版"视图下我们可以看到如图 7-4 所示的预置了各种占位符的空白页面，这些页面即 PPT 的版式规范。

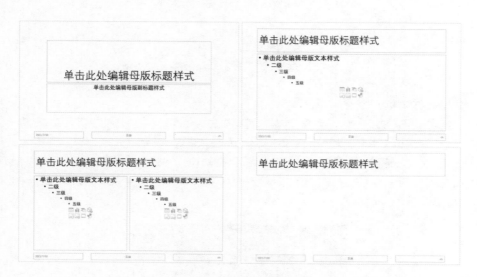

图 7-4

在 PPT 母版视图下设定好母版版式后，单击"关闭母版视图"按钮，再单击"开始"选项卡下的"版式"按钮，便可在下拉列表中选择设定好的版式，快速套用到当前页面，如图 7-5 所示。

图 7-5

利用幻灯片母版可以快速统一各页面的版式，例如，在企业介绍 PPT 中，让某个部分的每一页都在指定位置打上统一的企业 LOGO 或采用相同的背景设计等。手动逐页设计耗费大量时间且不一定能做到每页完全统一，通过母版来设定就十分轻松、便捷。而且，母版版式发生变动后，应用该母版的所有页面都将自动更改。开始制作 PPT 前，可先在幻灯片母版中设置为对封面页、目录页、过渡页、内容页、结尾页的版式、样式，制作过程中根据需要套用，确保版式设计风格的统一。

2 参考线

在"视图"选项卡单击"参考线"选择框或按【Alt+F9】组合键即可启用参考线。参考线可帮助我们更好地设定当前页或跨页的多个元素的对齐方式，减少手动对齐时容易发生的对不准、实际对齐位置有偏差等问题，让页面变得更整齐。

PowerPoint 默认只显示穿过幻灯片页面中心的横、纵向两条参考线，鼠标置于参考线上呈 ↔ 或 ↕ 状时，拖动可移动参考线；拖动参考线时按住【Ctrl】键，可复制一条参考线，如图 7-6 所示；将参考线拖出页面边界即可删除参考线。参考线和标尺结合使用，可帮助我们更准确地判定页面左右两侧的素材与页面中心的距离是否一致。

图 7-6

3 对齐按钮

"绘图工具"中的"格式"选项卡提供了一个"对齐"按钮，通过该按钮及其下的 8 个对齐选项（如图 7-7 所示），我们可以更轻松地实现多个页面内容的对齐及其间距统一。

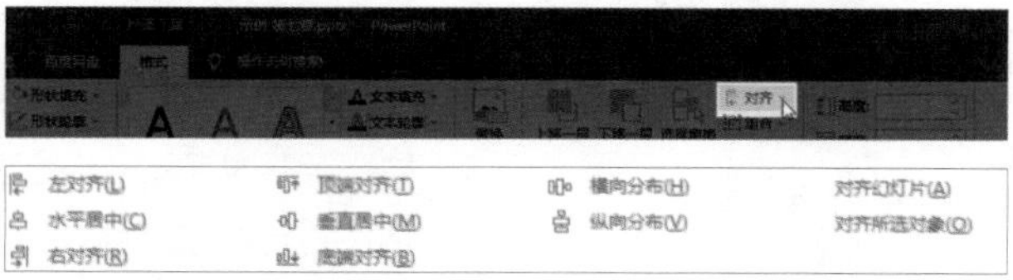

图 7-7

4 选择窗格

PowerPoint 中的选择窗格相当于 Photoshop 中的图层面板，插入幻灯片的内容，将按插入的先后顺序形成由下至上的一个个图层，如图 7-8 所示。单击"开始"选项卡下的"选择"按钮，继续单击"选择窗格"按钮或按下【Alt+F10】组合键即可打开选择窗格，如图 7-9 所示。

在选择窗格中可以看到当前页面上所有元素的图层状态，显示在上面即位于上层，显示在下面即位于下层，拖动可以改变该项所对应的图层所在的层级位置。单击后面的 👁 按钮使之变成 👁 状态可将其隐藏（即便放映时也不显示）。双击图层可对该图层进行重命名。当一个页面上有大量图层叠在一起时，通过选择窗格管理各图层，隐藏干扰图层，修改编辑图层或为图层添加自定义动画等，都非常方便。

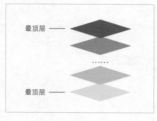

图 7-8

图 7-9

5 组合

要对不同类型、不同级别的内容进行排版时，可先将其暂时组合成一个整体，一次性完成处理，这样比逐一处理节省时间。另外，当我们要对页面进行二等分以上的等分操作时，通过标尺计算比较麻烦，利用组合矩形的方式对页面进行等分划分会更方便。如将一个 16:9 的页面三等分，具体操作方法如下。

步骤 **01** 插入三个同样大小的矩形，以边界相接的方式放置成一排，并将其组合在一起，如图 7-10 所示。

步骤 **02** 利用对齐按钮将组合后的三个矩形放置在页面正中央；按住【Ctrl】键的同时，拖动组合左边的控制点，使组合对称拉伸至页面边界。这样，这个页面就被三个形状轻松划分成了相同的三份，如图 7-11 所示。五等分、六等分等可同理实现。

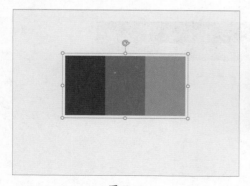

图 7-10

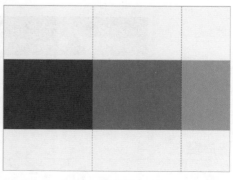

图 7-11

PowerPoint 中的很多操作都可以通过快捷键来完成，适当记忆一些常用快捷键，可以让你的操作看起来更"专业"，也可以极大提高 PPT 制作效率。

1 编辑状态下常用快捷键

快捷键	功能	快捷键	功能
Ctrl+L	文本框 / 表格内左对齐	Ctrl+Shift+<	缩小选中文字字号
Ctrl+E	文本框 / 表格内居中对齐	Ctrl+Shift+>	放大选中文字字号
Ctrl+R	文本框 / 表格内右对齐	Ctrl+ 光标	向相应光标方向微移
Ctrl+G	组合选中元素	Alt+ ← / →	选定元素顺 / 逆时针旋转
Ctrl+Shift+G	取消选中组合	Shift+ 光标	选定文本框或形状横 / 纵向变化
Ctrl+ 滚轮	放大 / 缩小编辑窗口	Ctrl+M	新建幻灯片页
Ctrl+Z/Y	撤销 / 恢复操作	Ctrl+N	新建新的演示文稿
Shift+F3	切换选中英文的大小写	Alt+F10	打开 / 关闭选择窗格
Shift+F9	打开 / 关闭网格线	Alt+F9	打开 / 关闭参考线
F5	从第一页开始放映	Shift+F5	从当前窗口所在页放映
Ctrl+D	复制一个选中的形状	F4	重复上一步操作
Ctrl+F1	打开 / 关闭功能区	F2	选中当前文本框中的所有内容
Ctrl+Shift+C	复制选中元素的属性	Ctrl+Shift+V	粘贴复制的属性至选中元素
Ctrl+C	复制	Ctrl+Alt+V	选择性粘贴

2 放映状态下常用快捷键

快捷键	功能	快捷键	功能
W	切换到纯白色屏幕	B	切换到纯黑色屏幕
S	停止自动播放（再按一次继续自动播放）	Esc	立即结束播放
Ctrl+H	隐藏鼠标指针	Ctrl+A	显示鼠标指针
Ctrl+P	鼠标指针变成画笔	Ctrl+E	鼠标指针变成橡皮擦
Ctrl+M	隐藏 / 显示绘制的笔迹	数字 +Enter	直接跳转到数字相应页

3 自定义快捷键

依次单击"文件→选项→快速访问工具栏"，可将自己常用的一些按钮添加在 PPT 窗口左上方。这些按钮添加后，只需依次按下【Alt】键 + 相应数字键（注意不是同时按下），即可快速使用相应的功能按钮。自定义快捷键的设置方法如下。

❶ 顶端对齐   ❷ 底端对齐   ❸ 左对齐   ❹ 右对齐   ❺ 横向居中   ❻ 纵向居中   ❼ 置于顶层
❽ 置于底层   ❾ 插入图片   ❿ 纵向分布   ⓫ 横向分布   ⓬ 水平翻转   ⓭ 垂直翻转

事实上，按下【Alt】键之后，PPT 界面选项卡许多功能按钮都会出现英文字符，此时按下相应的按键即可实现相应功能。如依次按下【Alt】→ G → F，可打开幻灯片背景设置对话框；依次按下【Alt】→ A → C，可打开动画窗格。

7.2 借助外部工具提升 PPT 制作效率

在 PPT 制作过程中，很多专业的内容若借助专业软件来完成，往往能事半功倍。适当使用一些网站或软件，可让你腾出更多时间用于创作内容、打磨设计，把 PPT 做得更好。接下来，就给大家推荐一些对 PPT 制作有帮助的网站或软件。

关键技能 085 时间紧，用模板！精品模板到这些网站找

时间紧张时，可以通过套用模板来快速完成 PPT。但网上的模板质量参差不齐，有时搜索半天也找不到一个合适的。在哪些网站可以找到质量高、可免费下载的 PPT 模板呢？

（1）PPTFans

如图 7-12 所示，该网站是集 PPT 教程、素材和模板下载于一体的网站。在其首页向下拉动滚动条，可以看到一个免费模板栏目，其中的模板质量相对较高，只是缺少分类，若想找特定风格的模板会麻烦些。

（2）优品 PPT

如图 7-13 所示，该网站是一个专注于分享高质量免费 PPT 模板的网站，支持按类型或主题颜色筛选，找模板更方便。此外，该网站还收集了图表、背景图片、字体等很多常用的素材，可以解决 PPT 制作过程中的

很多素材需求问题，对快速完成 PPT 很有帮助。

图 7-12

图 7-13

（3）微软官方模板库

如图 7-14 所示，该网站为 PowerPoint 官方模板
网站，模板数量不算多，但质量较高，适配性强，支
持按用途、风格分类查找模板。

图 7-14

关键技能 086 图片精度太低？用 Topaz Gigapixel AI 搞定

如果某张图片素材像素过低，插入 PPT 后非常模糊，又无法找到像素更高的相同图片替换时，还可以
借助 Topaz Gigapixel AI 软件，智能提高图片像素。如图 7-15 所示，这是一张仅 20.9KB 的图片，分辨率仅有
320×447，插入幻灯片之后不清晰，影响 PPT 质量。

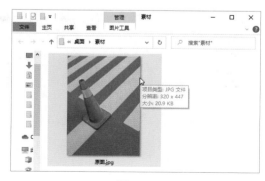

图 7-15

将该图片在 Topaz Gigapixel AI 中打开，在右侧选择需要放大的倍数（默认为 2 倍，即 2X），经过软件算法处理，在预览对比中可以看到，图片清晰度得到了很大提升，如图 7-16 所示。单击"保存"按钮，即可将放大的图片保存到计算机中。

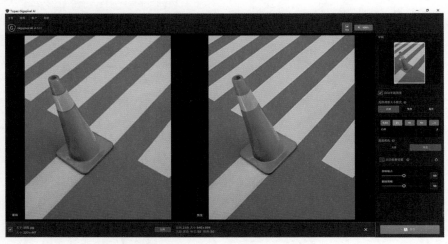

图 7-16

关键技能 087 图片有水印？用 Photoshop 搞定

某些自网上下载的图片含有水印，且水印影响到图片的主要部分，很难通过裁剪来去除时，可以参照如下步骤去除这类水印。

步骤 01 将图片拖入 Photoshop 软件（以 CC 版本为例），单击矩形框选工具 ▣，框选水印部分。注意框选范围尽量贴近水印，以减少对无水印区域的影响，如图 7-17 所示。

图 7-17

步骤 02 单击"选择"菜单，选择"色彩范围"命令，在弹出的"色彩范围"对话框中，利用吸管工具把水印区域更精确地选出来，如图 7-18 所示。"选择范围"中显示为白色的区域即通过"色彩范围"选出来的选区范围。

图 7-18

步骤 03 单击"确定"按钮,便可看到选区范围不再是矩形,而是更贴近水印内容的选区。若该选区比水印小或大,可以再次单击"选择"菜单,选择"修改"命令,扩展或收缩一定像素范围,进一步调整选区范围,如图 7-19 所示。

图 7-19

步骤 04 选区范围调整到刚好框选住水印且几乎无多余的其他区域被框选的状态时,按下【Shift+F5】快捷键,打开"填充"对话框,并直接单击"确定"按钮,执行内容智能识别填充操作,如图 7-20 所示。

图 7-20

经过 Photoshop 的处理后,水印就被消除了,如图 7-21 所示。

图 7-21

关键技能 088 图片墙排版太麻烦？用 CollageIt Pro 搞定

前文我们介绍了借助表格、母版、图片占位符等在页面中一次插入大量图片制作图片墙的方法，该方法虽然也算快捷，但操作过程终究复杂，而使用 CollageIt Pro 这款专业的拼图软件制作图片墙，则要简单得多。

步骤 01 安装并启动软件，在弹出的对话框中选择一种拼图模板，如图 7-22 所示。

步骤 02 选定模板后，进入软件主界面，此时，将要插入的所有图片拖入"照片列表"区，这些照片将自动按选定的模板完成拼合，如图 7-23 所示。在右侧设置区，可对图片墙的尺寸、背景、图片间隙、图片位置等进行调整。

图 7-22

图 7-23

调整完成后，单击"输出"按钮，即可将照片墙以图片形式保存到计算机，然后可以插入PPT使用，如图7-24所示。采用这种方式拼图可保留图片比例。

图 7-24

关键技能 089 ▶ 抠图太难了？用 removebg 搞定

PPT 软件自带的"删除背景"功能虽然方便，但遇到一些背景较复杂的图片，选定抠图范围的操作还是比较麻烦，抠图效果不太理想。其实，随着图片处理技术的整体进步，网上有很多抠图工具，通过智能算法帮助我们轻松抠图，如 removebg 免费在线抠图工具，借助它来抠图更快捷高效。

使用 removebg 抠图时，单击"上传图片"按钮，选择要进行背景扣除的图片，如图 7-25 所示。

上传完成后，网站将自动识别图片主体并完成抠图，几乎不需要进行任何其他操作，对于头发丝、纱巾等比较难处理的细节，该网站也有非常好的效果，如图 7-26 所示。

图 7-25

图 7-26

关键技能 090 颜色搭配做不好? 用 Colorschemer 搞定

在 PPT 配色章节中,介绍了一些专业的配色工具网站。而在无网络情况下,则可借助计算机中提前安装好的 Colorschemer Studio 来进行配色。如需要根据某一种主题配色,只需在左侧"基本颜色"窗格中输入主题色的 RGB、HSB 或 HTML 色值,窗口右侧的"实时方案"选项卡将自动生成一些配色方案以供选择,如图 7-27 所示。

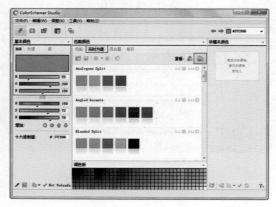

图 7-27

若无明确的主题色,可单击软件窗口左下方的按钮 ,获得随机的专业配色方案。单击软件上方的图库浏览器按钮 ,可切换到印象配色模式(需联网),在搜索框中输入配色关键词(英文),可获得相应的配色方案,如图 7-28 所示。

单击软件上方的图像方案按钮 ,切换到图片配色模式,打开一张图片,软件将根据该图片的颜色自动提供配色方案,如图 7-29 所示。

图 7-28

图 7-29

　　图说是百度旗下的一个在线动态图表制作网站。这个网站提供了各种类型的图表模板，如图 7-30 所示。一些 PowerPoint 上没有的图表类型，如仪表盘图、南丁格尔玫瑰图等，可通过这个网站制作。

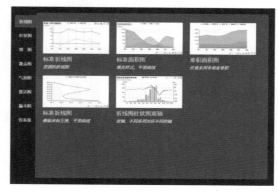

图 7-30

　　在图说中制作图表的操作非常简单，在左侧窗格输入数据、调整图表样式参数，右侧窗口可实时预览效果。制作完成后，将图的高度调至最大，图整体背景颜色设置为透明，然后单击图表右上角的保存按钮，将图表保存为无背景的 PNG 格式图片，插入 PPT 中即可使用，如图 7-31 所示。

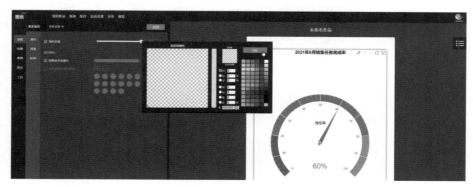

图 7-31

　　iSlide 是一款为 PPT 设计而生的强大辅助插件，极大丰富了 PowerPoint 的原有功能。

　　通过 iSlide 官网下载插件并安装后，PowerPoint 软件窗口上方会增加一个新的功能选项卡"iSlide"，如图 7-32 所示。这个选项卡下包含了"设计""资源""动画""工具"等很多功能组，使用起来非常方便。

图 7-32

iSlide 插件对 PPT 制作的很多方面都有帮助，具体介绍如下。

1 环形布局

　　将选中的对象复制指定个数并按圆形排列，对于这种要求，使用 PPT 原有功能很难做到，而使用 iSlide 插件来做就非常简单。以布局 12 个五角星为例，选中五角星，然后单击 "iSlide" 选项卡下 "设计排版" 按钮，在下拉菜单中选择 "环形布局" 命令，打开 "环形布局" 对话框；在对话框中，输入需要布局的五角星数量 12，再根据需要调整布局半径等参数，单击 "应用" 按钮，即完成了 12 个五角星的环形布局，如图 7-33 所示。

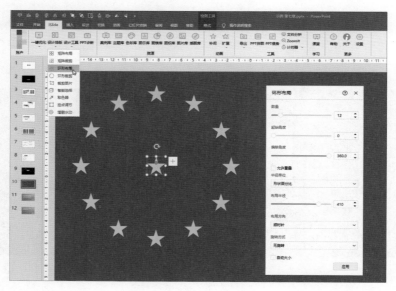

图 7-33

2 PPT 诊断

　　单击 "iSlide" 选项卡下 "PPT 诊断" 按钮，打开 "PPT 诊断" 对话框，单击 "一键诊断"，iSlide 插件将自动检查 PPT 内字体、图片、色彩等情况。在诊断结果中单击相应的 "优化" 按钮，即可进行有针对性的修改，如图 7-34 所示。

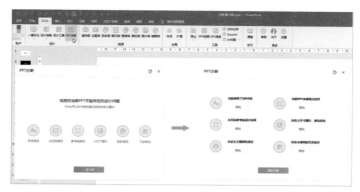

图 7-34

3　素材资源

iSlide 插件还提供了丰富且高质量的素材资源，如 PPT 模板（主题库）、色彩方案（色彩库）、图示、图表、图标、图片、插图等。如果注册成为会员，日常制作 PPT，其中的资源已基本够用，几乎无须再到网上找寻。拿图示来说，单击"图示库"按钮，在弹出窗口中可以看到各种类型的图示，涵盖方方面面的需求，下载时还可选择图示包含项的数量，如图 7-35 所示。

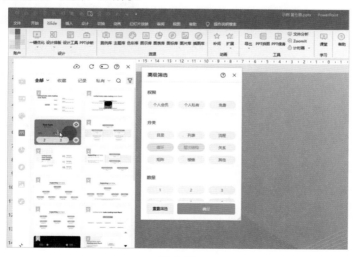

图 7-35

4　平滑过渡

iSlide 插件在动画制作上也能起到很好的辅助作用，如"平滑过渡"功能。当我们需要制作一个由素材 A

到素材 B 的自然变化动画时，在 PPT 中需要添加淡出、路径动画、消失甚至缩放等很多自定义动画，操作烦琐，还不能完全保证达到"平滑"的效果。而使用 iSlide 插件平滑过渡功能则可以一键完成。如图 7-36 所示，使用 iSlide 插件添加一个素材 A（黄色小椭圆）到素材 B（绿色大正方形）的平滑过渡动画，具体操作方法如下。

单击选择素材 A，在按住【Shift】键的同时单击素材 B（若要设置从素材 B 到素材 A 的平滑动画则反之）；单击 iSlide 插件中"扩展"按钮下的"平滑过渡"按钮，打开平滑过渡对话框；在对话框中，根据需要设置平滑动画的开始和结束时长，以及动画整体持续时长参数，单击"应用"按钮，平滑过渡动画就做好了，在动画窗格中也可看到添加的具体动画项目。

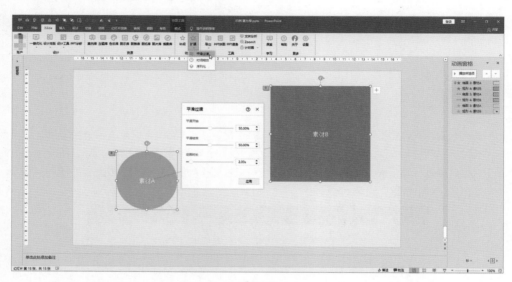

图 7-36

5 导出长图

通过 iSlide 插件可以简便地将 PPT 导出为多种格式，如视频、JPG 图片等。另外，利用 iSlide 插件的"PPT 拼图"功能还可将 PPT 导出为一张长图，满足某些场合的特殊分享需求。导出长图时，单击"PPT 拼图"按钮，打开 PPT 拼图对话框，根据需要在对话框中进行相关参数设置，如图片宽度、长图内外边距、导出哪些页面等，右侧窗口可同步预览导出效果；完成设置后，单击"另存为"按钮，即可将长图保存到计算机中进行分享，如图 7-37 所示。

关于 iSlide 插件更多的功能这里不再一一介绍，读者可以自行下载、安装使用。

图 7-37

　　和 iSlide 插件类似，口袋动画是一款辅助 PPT 动画制作的插件。在其官网下载并完成安装后，在 PowerPoint 窗口上方会增加一个新的功能选项卡"口袋动画 PA"，如图 7-38 所示。

图 7-38

　　使用"口袋动画 PA"功能选项卡下的动画相关功能按钮，可以十分轻松地制作一些复杂的、时下流行的动画。比如要制作炫酷的转场动画，只需单击"页面转场"按钮，在打开的个人设计库中选择需要的转场动画，并单击下载按钮，即可将其添加到 PPT，如图 7-39 所示。

　　一些教学课件中常用的演示动画，如铁在纯氧中燃烧、丁达尔效应等，还有流行的苹果发布会快闪动画、抖音动画、价格震撼落下动画等，都可以通过口袋动画插件轻松制作，如图 7-40、图 7-41 所示。

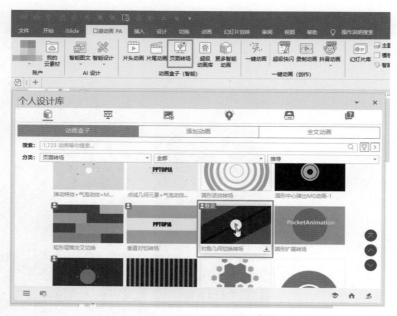

图 7-39

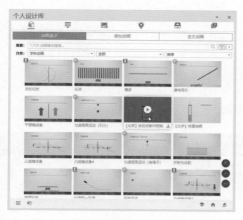

图 7-40

图 7-41

　　口袋动画插件极大地降低了 PPT 动画制作的门槛，让我们可以更轻松地完成动画制作，在 PPT 动画效果上追求更多可能。除此之外，口袋动画插件也提供了智能设计、文字云、创意裁剪等辅助设计功能，可与 iSlide 插件互为补充，如图 7-42、图 7-43 所示。

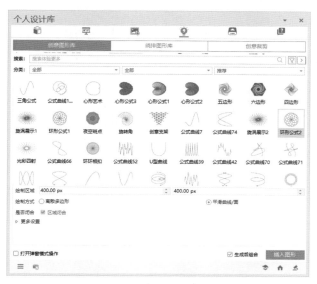

图 7-42

图 7-43

第二篇

综合实战关键技能

8

职场常用的3个PPT制作关键技能

工作中常常需要总结，特别是在年底时，各单位、企业几乎都要齐聚一堂，共同总结过去一年的工作。虽说个人工作总结做得好与不好主要在于工作本身做得是否出色，但是，将有关内容精心制作成 PPT，图文并茂地呈现，一定会为你的总结演讲加分。那么，如何把工作总结 PPT 制作得更好呢？接下来，就为大家介绍一些实用技巧。

1　如何构思、组织工作总结内容？

个人工作总结主要目的是讲清楚工作中取得的成绩，其内容构思相对简单，一般采用三段式，即第一段为总结概括性，第二段叙述过程，第三段谈体会、经验；或者第一段对工作进行回顾，第二段谈工作成绩，第三段分析存在的不足。如图 8-1 所示，这份总结 PPT 即采用三段式结构。

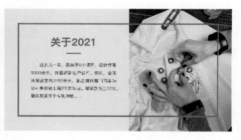

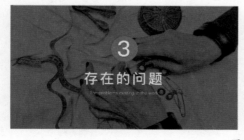
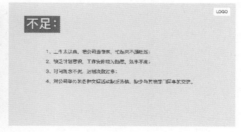

图 8-1

若是代表公司或部门做工作总结，则可不按工作先后顺序构思内容，而是从更宏观的层面梳理工作涉及的不同层面，逐项进行思考、总结，如图 8-2 所示。

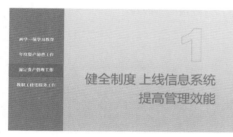
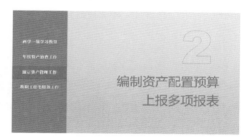
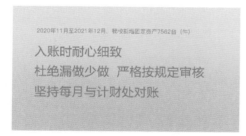
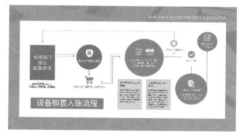

图 8-2

在某些场合进行不那么严肃的总结时，也可以采用漫谈式的方式。如图 8-3 所示的总结 PPT，以一些看似琐碎的关键词为线索，以点带面地总结，打破总结陈规，饶具新意。

再如图 8-4 所示的总结 PPT，以领导、同事的"语录"为线索展开总结，也很新颖。

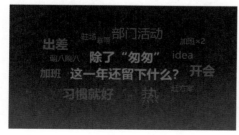

图 8-3

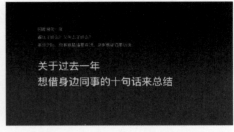

图 8-4

同理，如图 8-5 所示总结 PPT，则是通过工作中的多个小故事展开，比起常规总结更具感情色彩，能够吸引人、打动人。

图 8-5

② 如何让自己的总结更出众?

很多时候,总结会上的工作总结都相差无几,难分高下,如何才能让自己的总结脱颖而出呢?让工作总结PPT"不一般",可以从以下方面进行改进。

第一,让数据说话。在工作总结PPT中突出具体数据信息,能让工作回顾看起来更真实、可靠,既能突出工作成绩,又能展现工作难度、辛苦程度,如图8-6所示。

图 8-6

尤其在工作成绩的总结方面,适当使用柱状图、条形图、饼图等数据图表,展现当年与往年、当前项与竞争项等对比情况,比纯粹的描述性文字更有说服力,如图8-7所示。

第二,突出重点、难点。工作总结PPT应有所侧重,找到关键点,详细说明其重要性及解决这些问题的难度,适当"包装"工作亮点,可以避免工作总结PPT如记流水账一般平淡无趣。

第三,要有自己的想法。在个人工作总结PPT中,可以有意识地阐述自己的观点,特别是提出建设性意见,不能纯粹叙述工作,如同没有灵魂的工作机器。

第四,适当煽情。用感情浓烈的话语或图片感染观众、打动观众,如图8-8所示。

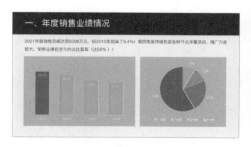

图 8-7   图 8-8

第五,要体现高度。在总结PPT中,可以将自己对工作的看法,提炼为一句有内涵、耐人寻味的话,放在结尾作为结束语,对总结进行升华。如图8-9所示页面,将日常工作的烦琐及自身对于这种烦琐工作的认识,概况为"如常,已是非常",巧妙体现了不惧烦琐、认真做好本职工作的良好工作态度。

图 8-9

关键技能 095　商业计划书 PPT 制作要点

　　商业计划书是创业者对公司或项目发展初衷、发展逻辑、发展战略等方方面面情况的梳理。制作一份商业计划书 PPT 的主要目的是讲清楚公司或项目的现状与未来设想，应尽可能地展现公司或项目优势，争取获得合伙人、投资人的青睐。对于新手而言，制作商业计划书 PPT 时，有以下问题需要注意。

① 不要大而全，要少而精

　　一般而言，一份商业计划书主要包括市场分析、产品介绍（创新点）、商业模式、竞争优势、发展规划、团队介绍、财务规划与预测、融资需求与退出机制等几个主要板块，具体应结合自己公司或项目情况、观众情况选择性准备。商业计划书关键在于把项目讲清楚、有说服力，不要写成大而全的文章。整体页数上，一般不超过 15 页。如图 8-10 所示，这份节选的商业计划书 PPT，内容可分为背景分析、公司情况、产品情况、发展规划等七个部分，实际内容中还包含了商业模式、竞争优势等方面的介绍。

图 8-10

图 8-10（续）

2 一句话说清产品

试着用一句话讲清楚你的产品的创新点、你要做的事。在产品定位上，要懂得取舍，描述时，要先对产品特点（卖点）进行全面梳理，挑选其中的"尖叫"特点，即最能打动人、最核心的价值点，从这一点切入进行阐述，不能过分求全、泛泛而谈。

此外，产品介绍这个部分，如有专利等知识产权佐证，应尽可能地用上，权威认证将大大提高产品说服力。

3 盈利点清晰

商业模式这个部分是投资人极为关心的部分，他们要了解项目能不能赚钱、能赚多少钱，因此这部分PPT的设计与讲述非常关键。从观众（投资人）角度出发，商业模式适合以图示形式展示，而不是纯文字描述，且最好在一页幻灯片内完成。收益预测部分，早期盈利数据不理想也不必太在意，投资人主要对未来的高增长感兴趣。

4 细分市场，大有可为

在分析市场时，应避免使用过多专业术语，尽量用简单、好理解的词句，用数据图表，呈现某个细分市场下的空白点（商机），呈现自身产品和解决方案的壁垒性优势，争取给投资人一种本项目大有可为的感觉。发展规划方面，要有理想化的远景设想，也要有可行的近期安排，包括一年内的各项具体工作计划。

5 凸显实力

团队介绍方面，要梳理每位成员学历、知识产权、从业经历等方面的优势，展现其技术能力、管理能力、营销能力等各方面的能力，争取获得投资人信任。若团队本身资质条件有限，则不必将每位创始成员都罗列出来，条件允许的情况下，可加入顾问专家、指导老师的介绍，弥补团队本身的不足，如图 8-11 所示。

图 8-11

关键技能 096 　个人简历 PPT 制作要点

比起 Word 文档，用 PPT 做个人简历，主要有两个优势：一是排版设计更方便，更易设计出图文并茂、视觉效果好的简历；二是可将证明自身能力的有关作品材料整合呈现。是否有必要制作一份 PPT 简历，应根据岗位要求、自身能力来决定。如果应聘销售岗位，能力主要在实际工作中体现，则 Word 简历即可；如果应聘平面设计岗位，能力可以通过设计作品体现，则可以考虑制作一份 PPT 简历。如图 8-12 所示，这是用 PPT 设计的单页简历，多页的 PPT 简历如图 8-13 所示。

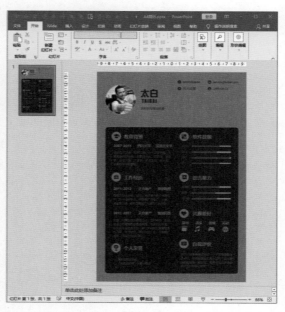

图 8-12

图 8-13

对于新手而言，注意以下要点，可让 PPT 简历效果更佳。

1 简洁明了

PPT 简历有更多发挥空间，但也不能随心所欲地堆砌内容，特别是在设计能力有限的情况下，不宜过度设计，而应简洁明了。如图 8-14 所示节选简历，叙述啰唆，文字过多；页数不多却设置目录页；还有与主题无关的 3D 小人元素，不和谐的配色……都带给人一种廉价感。

图 8-14

对比之下，如图 8-15 所示的简历，是不是就简洁清晰得多？

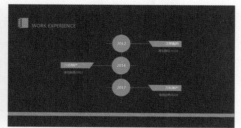

图 8-15

2 可视化设计

将简历中的文字信息尽可能转化为图示、图表来表达，HR 阅读起来更轻松，视觉效果也比 Word 版本简历更胜一筹，如图 8-16 所示，这个个人能力描述页面就很优秀。

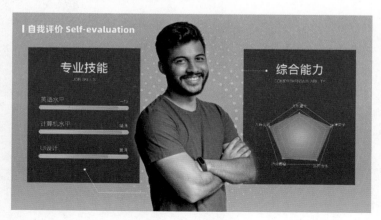

图 8-16

3　用好首页

简历 PPT 的首页是 HR 首先看到的一页，关系到 HR 对你的第一印象，必须认真考虑其设计。有些人喜欢把简历 PPT 首页的"简历"或"RESUME"文字放大，其实这些文字除了装饰并无其他作用，HR 在一堆简历文档中查看、筛选，必然知道这些文档都是简历，所以，从实际用途考虑，完全无须再写上或放大"简历"或"RESUME"等文字。首页中最应该突出的是自己的姓名、求职岗位，以便 HR 第一时间找到你的简历，如图 8-17 所示。

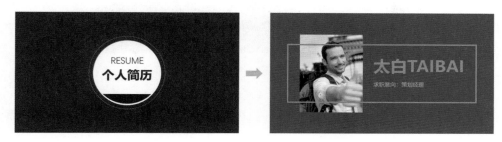

图 8-17

若你拥有较为突出的技能，还可以将这一技能包装为身份"标签"，放在首页，让简历显得更独特。如图 8-18 所示简历首页，"一个 PPT 玩家"就是一种独特的身份标签，"玩家"这个词展现了擅长 PPT 制作这一项能力，这样的首页比仅展示名字、应聘岗位，显然功能性更强。

图 8-18

4　附上作品

在 PPT 简历中，可附上作品作为佐证材料，如文稿创作、平面设计、UI 设计、工业设计、视频剪辑等类型的作品均可以图片形式进行展示，发明创造、机械操作、雕刻烹饪等其他类型作品还可以以视频的方式展示。

同时，在 PPT 简历中可对作品进行配文介绍，让 HR 对这些作品的情况有更深入的了解，如图 8-19 所示。

图 8-19

9

教学课件PPT制作的2个关键技能

制作 PPT 课件已成为新时代教师的常见工作，但有不少教师教学课件制作水平还只停留在会把图文内容放入幻灯片中展示这样的基础层面，制作出的课件质量都不怎么高，如图 9-1 所示。

图 9-1

课件内容大多偏学术，美化起来会有一定难度，且教师要把精力放在课程内容准备上，在 PPT 制作方面常常不会预留太多时间。针对这种情况，建议从以下六个方面入手来调整，既无须耗费太多时间，又能有效改善课件呈现效果。

1 简化内容

一些教师喜欢把 PPT 当 Word 文档来用，在页面上放置大量文字内容。如图 9-2 所示左侧页面，密密麻麻排满文字，几乎没有任何空白，给学生带来很大的阅读压力。根据文意整理、简化内容后，适当地留白，并调整各组文字的间距，便可达到美化的效果。

图 9-2

再如图 9-3 所示左侧页面，也存在同样的问题。删减、合并内容，保留关键信息，将部分内容转换为 SmartArt 图形……化简后，视觉美感得到提升。

化简内容时，能用一句话表达的内容不用一段话，能用图片表达的内容不用文字，能用图表、SmartArt 图形表达的内容不用表格、文字……对内容要有所取舍，合理地拆分或合并。黑板教学时代，在黑板上写的往往是重点内容、关键词，很少大段抄写，这样的经验在制作 PPT 时同样适用。

图 9-3

2 统一对齐方式和行距

无法删减文字或不得不用大段文字内容时，至少应对文字的对齐方式和段落间距进行调整，统一对齐方式和行距，让页面变得整齐。如图 9-4 所示，左侧页面，红色文字段落跟随标题居中对齐，白色文字段落左对齐，行距小、文字密，看起来拥堵、凌乱。两段文字统一为左对齐，行距统一为 1.4 倍行距后，页面变得整齐起来，相比之前自然更具美感。

图 9-4

3 不要"艺术字"，不要"效果"，不要剪贴画

有的教师喜欢在 PPT 中套用 PowerPoint 中的"艺术字""效果"，也喜欢使用剪贴画。如图 9-6 所示左侧页面中应用了艺术字和标题阴影效果，以及问号、小猪图片等。这些过时的效果和素材，会带给人一种廉价感。对页面上的部分内容进行强调，增强页面的设计感的方法很多，比如字号、字体对比，形状衬托，增加背景图片等，既可达到强调的目的，解决页面空洞的问题，其简约的设计风格也更符合当下审美，更显品质。

图 9-5

④ 选择合适的背景图片

有的教师喜欢用图片作为 PPT 的背景，而且还喜欢用一些花里胡哨的图片，如图 9-6 所示左侧页面；有的教师则喜欢用本身含有版式设计的图片，如图 9-7 所示左侧页面。随着大众审美的进步，这类背景图片已不能带给人美的感受，用在 PPT 中，既不利于内容排版，还会拉低 PPT 的品质。要提升 PPT 美感，背景图片应选择相对简单、精致的图片。

图 9-6

图 9-7

如果想把课件的主题体现得更加强烈，渲染氛围，直接找一些漂亮的实景图片，用全图型排版的方式岂不更好？如图 9-8、图 9-9 所示。

图 9-8

图 9-9

此外，从节约时间、提高效率的角度来说，直接设置合适的渐变色作为 PPT 背景，也是个不错的选择。

5 统一配色和字体

滥用颜色和字体是很多 PPT 变"丑"的原因。如图 9-10 所示左侧页面，使用了不同的蓝色、不同的红色及灰色，加上图片共七种颜色，使用了宋体、黑体、华文隶书、微软雅黑四种字体，过多的字体和颜色让页面看起来脏而乱，减少字体和颜色种类，视觉效果就会好一些。

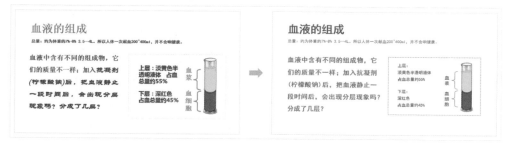

图 9-10

在设置 PPT 的配色和字体时，最好通过"设计"选项卡下的"变体"工具组来设置，如图 9-11 所示。具体方法在前文已经介绍，这里不再赘述。

图 9-11

6　统一版式

排版过于随意也是很多不美观 PPT 普遍存在的问题。一份 PPT 采用的版式过多，甚至每一页幻灯片都自成一种风格，会让整个 PPT 显得非常散乱，不成体系。如图 9-12 所示左侧节选的 4 个页面，封面与内容页版式雷同，内容页版式不一，层级结构不清晰，学生很难快速把握内容逻辑。从课程内容的有效传递和页面美观度提升两方面看，统一版式都是非常有必要的。

在统一版式时，可参照本书前文有关章节所述方法，通过母版来完成，在母版中设计好若干个不同的版式（至少设计封面页、内容页两种不同版式），各个页面即可轻松套用，十分方便。

图 9-12

关键技能 098　五种常用风格课件的制作要点

不同科目、不同场合需要的 PPT 风格不一，适当掌握一些经典风格 PPT 的制作方法，才能自如应对各种教学场景。

1　简洁风格

简洁风格的 PPT 专注于内容表达，没有多余的装饰，版式设计简单、质朴，如图 9-13、图 9-14 所示。
制作简洁风格的 PPT 有以下几个要点。

页面背景：用简单有质感的底纹图片或纯色、渐变色作背景。如图 9-15 所示 PPT 使用 Low Poly 底纹作为背景，使用渐变黑色作为背景也可，如图 9-16 所示。

字体：不超过两种字体，且最好选用微软雅黑、苹方黑体、等线字体等一些无衬线、简约风格的字体。

色彩：尽量选择单色色彩搭配方案。若色彩驾驭能力比较好，也可选择多色配色方案。

排版： 对齐方式统一，文字行距稍大些，适当留白，避免内容过于紧凑。

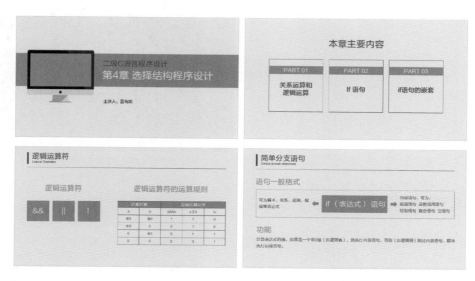

图 9-13

图 9-14

图 9-15　　　　　　　　　　　　　　　　　　　图 9-16

② 黑板手写风格

这是模拟黑板板书的一种设计风格。黑板、粉笔等元素，有种复古的亲近感，效果如图 9-17 所示。

图 9-17

黑板手写风格适用于所有课程，制作的关键在于素材。整个课件中的字体、图标、图表等素材最好都是相同风格的手写、手绘类型，否则设计出来风格不明显，影响质量。

页面背景： 最好直接使用黑板（或绿色黑板）素材图，比直接在 PPT 中配色真实感要强。

字体：选择粉笔手写类型的中英文字体，如新蒂字体的新蒂黑板报、新蒂黑板报底、新蒂小丸子三款中文字体，Segoe Script、SketchRockwell Bold 英文字体。此外，还可按本书前文所述方法，在 PPT 中自行制作黑板特效字。

色彩：按照粉笔的颜色选择配色，以白色为主。如有需要，还可适当应用天蓝、粉红、淡黄等彩色粉笔色彩。

排版：可根据图片、图标、图表素材的造型采用更为自由的排版方式。

③　卡通风格

幼儿园、小学阶段的教学及其他针对儿童的培训中，适合使用卡通风格的 PPT，如图 9-18 所示。

图 9-18

制作卡通风格的 PPT 有以下几个要点。

页面背景：以卡通图片作为背景，可以淡雅，也可以鲜艳，但最好都有一定的质感。这里推荐一个素材网站：Freepik，在此网站搜索框中输入关键词进行搜索，可以找到很多质量不错的卡通风格背景图片，如图 9-19 所示。

图 9-19

字体： 方正少儿简体、造字工房丁丁体、方正胖娃简体、汉仪歪歪体等中文字体，Childs Play、YoungFolks、vargas、Comic Sans MS 等英文字体，卡通、动漫、可爱类字体均可。

色彩： 配色丰富一些，以轻松、活泼、欢乐的色彩为主。

排版： 每一页的内容不宜过多，排版方式可随意一些，如借助云朵、气球、五角星等卡通元素布局内容，如图 9-20 所示。

图 9-20

4　中国风

展现传统中国意境，具有浓厚文化气息的中国风，非常适合语文、历史等国学类课程，如图 9-21 所示。
中国风包含的具体设计风格很多，泼墨山水、青花瓷、灯笼剪纸、中国红等都属于中国风范畴。
制作中国风 PPT 主有以下几个要点。

页面背景： 淡雅，与很多中国风素材都能融洽搭配。也可用中国书法字作为背景底纹，使 PPT 具有浓厚的中国气息。

字体： 书法字体，如禹卫书法行书简体、文鼎习字体、书法坊颜体、康熙字典体等做标题，效果都不错；方正清刻本悦宋简体、汉仪颜楷繁、方正隶变简体等可做小标题、正文字体。

图片素材： 中国古典文化中的有关意象皆可运用，如卷轴、水墨、梅、兰、竹、菊、青花瓷、灯笼、剪纸等。

排版： 古代典籍一般采用从右到左、竖排的排版方式，中国风 PPT 文字内容参照这种方式排版更有中国韵味。很多古代书画作品崇尚萧疏淡雅，注重留白，PPT 排版也可参考。

图 9-21

⑤ 文艺风格

文艺风格是很流行的一种设计风格，小清新、文艺范，唯美中透露着忧伤，适合内容较轻松的课件，如图 9-22 所示。

制作文艺风 PPT 主有以下几个要点。

页面背景： 可用明度稍低的颜色，清新淡雅的图片或信纸、网格、布纹、暖光等底纹。

字体： 标题字体推荐浙江民间书刻体、方正综艺体、文悦新青年体；正文字体推荐方正新书宋体、方正正纤黑体，有些时候正文用方正静蕾简体这样的手写字体效果也不错。

图片素材： 为图片添加类似相片效果的粗边框能够提升其文艺感，如图 9-23 所示。

色彩： 色彩可以丰富，但明度不宜太高。配色时，可采用印象配色方式，以青春、活力、文艺等关键词搜索配色方案。

排版： 多用大图甚至全图排版，尽量让图片本身的文艺气息展露出来。标题文字可大小不一、错落布局。

图 9-22

图 9-23

10

其他PPT相关应用的2个关键技能

作为 PowerPoint 预置的一种素材，"形状"有很多作用，除本书介绍的辅助排版设计外，依托"合并形状""编辑顶点"功能带来的高可塑性，"形状"还可以用来进行矢量设计、绘图创作。如日本艺术家 Gee Tee 就利用"形状"，在 PPT 中绘制了一张复杂的东京车站图。

如果你也想用 PPT 来绘图，必须先掌握"合并形状""编辑顶点"功能的用法。

1　合并形状

有的人称合并形状为布尔运算，选中形状后，在"绘图工具"的"格式"选项卡下可以看到该按钮，包含"结合""组合""拆分""相交""剪除"五个操作命令，如图 10-1 所示。

图 10-1

PowerPoint 中预置的形状非常有限，而借助"合并形状"下的五个操作命令，对预置形状进行修剪，便可以创造出无限多的形状，满足我们的设计需求。

使用"合并形状"需要注意，执行操作前，先按住【Shift】键依次选择形状，一次"合并形状"操作并不局限于两个形状，多个形状也可以进行合并。"合并形状"的操作命令具体介绍如下。

结合：将选中的形状合并为一个形状（非临时性"组合"），如图 10-2 所示。

组合：这里的组合与按【Ctrl+G】组合键所形成的临时性组合意义不同，这是将两个形状合并成为一个形状，而与"结合"又不同的是，有相交部分的两形状执行"组合"操作后将剔除其相交部分，无相交部分的两形状组合后与结合相同，如图 10-3 所示。

拆分：将有重叠部分的两个形状分解成三部分，第一部分是 A、B 两形状重叠的部分，第二部分是 A 形状剪除重叠部分之后的部分，第三部分是 B 形状剪除重叠之后的部分，如图 10-4 所示。无相交部分的两形状不存在"拆分"操作。

相交：将有重叠部分的两个形状的非相交部分删除，如图 10-5 所示。无相交部分的两形状不存在"相交"操作。

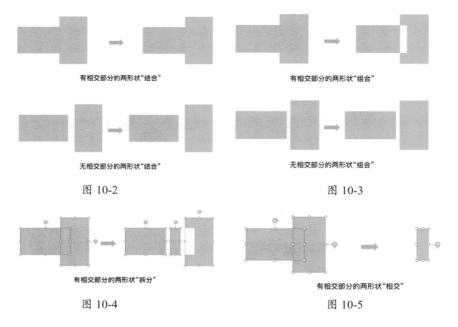

有相交部分的两形状"结合"　　　　　　　有相交部分的两形状"组合"

无相交部分的两形状"结合"　　　　　　　无相交部分的两形状"组合"

图 10-2　　　　　　　　　　　　　　　　图 10-3

有相交部分的两形状"拆分"　　　　　　　有相交部分的两形状"相交"

图 10-4　　　　　　　　　　　　　　　　图 10-5

 Tips

文字、图片也能使用"合并形状"命令

在 PPT 中，不仅形状间可以执行"合并形状"命令，文字与文字、文字与图片、文字与形状、图片与图片、图片与形状都可以合并。只是执行"合并形状"命令后结果不一定与形状执行"合并形状"命令之后的结果相同。文字执行任何一种"合并形状"操作后都将转化为形状。

剪除: 后选择的形状"剪掉"其与先选择的形状相交的部分。操作时注意形状选择的先后顺序,顺序不同,得到的结果可能就不同。

有相交部分的两个形状执行"剪除"操作后,将去除形状的重叠部分及后选择的形状自身,无相交部分的两个形状执行"剪除"操作后,将保留先选择的形状,去除所有后选择的形状,如图 10-6 所示。

接下来再以绘制安卓机器人为例,介绍"合并形状"在实际绘图中的用法。

步骤 01 添加一根"弧形"线条并设置填充色为绿色,调节黄色变形节点使之成为一个半圆形;在半圆形上添加一个小圆形,并复制一个,调节至合适位置;选择半圆形,再选择两个小圆形,执行"剪除"操作,安卓机器人的头部和眼球就基本画出来了,如图 10-7 所示。

步骤 02 添加一个圆角矩形,向右旋转 90°,并通过节点将圆角矩形调节为圆边长条,再复制三个,制作出四根稍大些和两根稍小些的圆边长条作为安卓机器人的手、脚和天线,如图 10-8 所示。

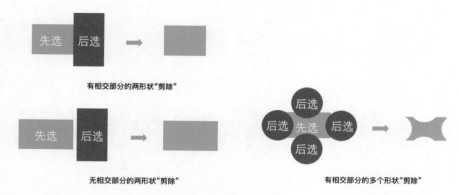

图 10-6

图 10-7   图 10-8

步骤 03 添加一个稍方的圆角矩形，再添加一个矩形遮盖住圆角矩形上半部分；选择圆角矩形，再选择矩形，执行"剪除"操作，就得到了安卓机器人的身体，如图 10-9 所示。

步骤 04 将两根稍小的圆角矩形顺、逆时针分别旋转30°，并调节至刚做好的安卓机器人头部的合适位置，进而执行"结合"操作，一个带天线的安卓机器人头部就做好了，如图 10-10 所示。

图 10-9   图 10-10

步骤 05 将四根圆边长条调节至刚做好的安卓机器人身体的合适位置，充当机器人的手和脚，进而执行"结合"操作，一个带手、脚的安卓机器人身体就做好了，如图 10-11 所示。

步骤 06 最后，将做好的安卓机器人头部和身体放到一起，再一次执行"结合"操作，一个完整的安卓机器人就画好了，如图 10-12 所示。

图 10-11   图 10-12

回顾绘制安卓机器人的过程，其实只用到了弧形线条、圆形、圆角矩形和矩形四种形状，使用了合并形状中的"剪除""结合"两种操作而已。很多复杂的形状也像这个安卓机器人形状一样，可以通过对一些简单的形状执行"合并形状"命令来制作。

2　编辑顶点

在 PPT 中，除了通过调节控制点来使某个形状发生形变，还可以通过"编辑顶点"使形状产生更为精细的形变。"编辑顶点"有三大概念需要理解。

首先是三种不同的顶点。右击形状，选择菜单中的"编辑顶点"命令即可进入编辑顶点状态。进入该状态后，单击任意一个控制点（小黑点）都会出现两个控制杆，调整控制杆末端的白色方块（即句柄），可以使形状的形态发生相应的改变。在 PPT 中，右击小黑点，在弹出的快捷菜单中看到对钩打在什么类型上，即可判断这一顶点是什么类型的顶点。如图 10-13 所示，菜单中的对钩打在"平滑顶点"上，意味着这一顶点为平滑顶点。形状的顶点有三类：角部顶点、平滑顶点、直线点。三类顶点可自行设置、互相转换。不同类型的顶点调整时会发生不同方式的改变。了解三种类型顶点各自的特征可让我们更好地调整形状的形变程度。

角部顶点：调整一个控制杆的句柄时，另一个控制杆不会发生改变。如图 10-14 所示，在 PowerPoint 预置的形状中，有的图形默认只有一个角部顶点，如圆形；有的默认有多个角部顶点，如三角形有三个角部顶点。

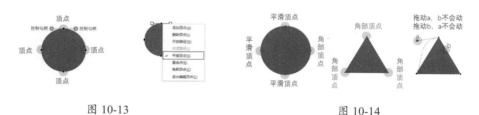

图 10-13　　　　　　　　　　　　　　　　图 10-14

平滑顶点：调整一个控制杆的句柄时，另一个控制句柄位移的方向及其控制杆的长度与该控制句柄及控制杆同时发生对称变化，如图 10-15 所示。如果我们需要让两个句柄同时发生改变，可先右击顶点，在菜单中将其设置为平滑顶点。

直线点：调整一个控制杆的句柄时，另一个控制句柄位移的方向与该控制句柄发生对称改变，但控制杆的长度不发生改变，如图 10-16 所示，环形箭头上方的一个控制点默认便是直线点。

图 10-15　　　　　　　　图 10-16

"编辑顶点"的第二大概念是抻直弓形与曲线段。

抻直弓形： 在线段为曲线段的情况下，右击线段，选择菜单中的抻直弓形命令，可快速将该曲线段变成直线段，如图 10-17 所示。

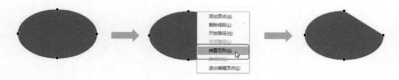

图 10-17

曲线段： 与抻直弓形刚好相反，在线段为直线段的情况下，使用该命令可快速将直线段变成曲线段，如图 10-18 所示。

图 10-18

第三大概念是闭合路径与开放路径。

闭合路径： 形状的轮廓线条呈封闭状态，填充色填充在其封闭空间中，如圆形，如图 10-19 所示。

开放路径： 形状的轮廓线条呈首尾不相接、不封闭的状态，如默认的弧形、曲线等。开放路径下，填充色将填充在首尾两个顶点连接起来的封闭空间中，如图 10-20 所示。

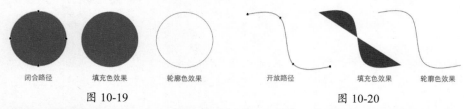

图 10-19   图 10-20

若要将默认为闭合路径的形状转化为开放路径的形状，只需在路径中要开放的位置的顶点上右击，在弹出的快捷菜单中选择开放路径命令即可，如图 10-21 所示。若要将默认为开放路径的形状转化为闭合路径形状，在路径上的任意位置右击，在弹出的快捷菜单中选择关闭路径命令即可两个开放顶点用直线连接起来，如图 10-22 所示。开放路径不能执行"合并形状"操作，要进行操作，需先将形状转化为闭合路径。

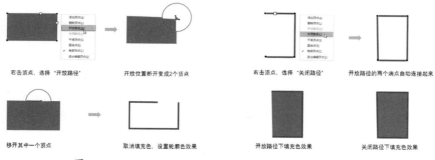

右击顶点，选择"开放路径"　　开放位置断开变成2个顶点　　　　右击顶点，选择"关闭路径"　　开放路径的两个端点自动连接起来

移开其中一个顶点　　　　取消填充色，设置轮廓色效果　　　开放路径下填充色效果　　　关闭路径下填充色效果

图 10-21　　　　　　　　　　　　　　　　图 10-22

 Tips

Ctrl、Shift、Alt 键在编辑顶点状态下的作用

【Ctrl】键：按住 Ctrl 键不放，在顶点上单击可快速删除该顶点，在线段上单击可快速添加一个顶点。在角部顶点、平滑顶点上按住 Ctrl 键调整某个控制句柄，可将该顶点转化为直线点并使之发生与直线点一样的变化。

【Shift】键：在角部顶点、直线点上按住 Shift 键调整某个控制句柄，可将该顶点转化为平滑顶点，并使之发生与平滑顶点一样的变化。

【Alt】键：在平滑顶点、直线点上按住 Alt 键调整某个控制句柄，可将该顶点转化为角部顶点，并使之发生与角部顶点一样的变化。

总而言之，三个键恰好可以让形状的顶点在直线点、平滑顶点、角部顶点三种顶点类型之间转化，其中按住 Ctrl 键还有快速添加顶点、删除顶点的作用。

接下来再以绘制苹果公司标志形状为例，介绍"编辑顶点"在实际绘图中的用法。

步骤 01 插入一个圆形（按住【Shift】键画圆）并将其置于页面中央，大小随意（本例中添加的圆形尺寸为 7cm×7cm）；右击圆形，在弹出的快捷菜单中选择"编辑顶点"命令，使之进入形状顶点编辑状态，如图 10-23 所示。

步骤 02 按下【Alt+F9】组合键开启参考线，并通过【Ctrl】键（鼠标放置在中心参考线上，按住【Ctrl】键的同时拖动鼠标即可新建一条参考线）新增如图 10-24 所示的参考线（除原本的正中参考线外，横向添加 4 条，其中两条刚好穿过圆形的上、下两个顶点，另外两条与这两条参考线间隔留出一定距离，上面两条参考线的间距与下面两条参考线的间距需一致；再添加纵向的两条参考线，与纵向的中心参考线间隔相同即可，本例中参考线值为 1.8）。

步骤 03 在圆形的路径与新增的两条纵向参考线交接的位置添加四个顶点（按住【Ctrl】键单击路径即可），如图 10-25 所示。

步骤 04 拖动刚添加的四个顶点到最上方和最下方横向参考线与新增的两条纵向参考线相交的位置，如图 10-26 所示。

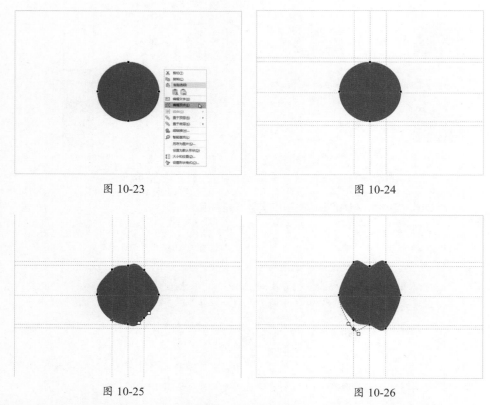

图 10-23

图 10-24

图 10-25

图 10-26

步骤 05 删除当前路径两边的两个顶点（右击路径或按住【Ctrl】键单击路径），如图 10-27 所示。

步骤 06 检查或设置当前路径的六个顶点，确保纵向中心参考线穿过的两个顶点为平滑顶点，另外两条纵向参考线穿过的顶点为角部顶点，进而利用顶点的特征，调节控制句柄，使形状变为如图 10-28 所示的圆滑路径。

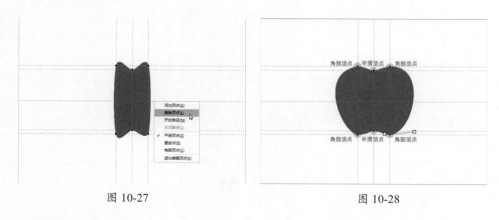

图 10-27

图 10-28

步骤 07 添加一个稍小的圆形（本例中添加的是 4.7cm×4.7cm 的圆形）并放置在图形的合适位置。选择形变后的图形，再选择小圆形，执行"剪除"操作，如图 10-29 所示。

步骤 08 经过上述操作，苹果公司标志的主体部分就做好了，如图 10-30 所示。

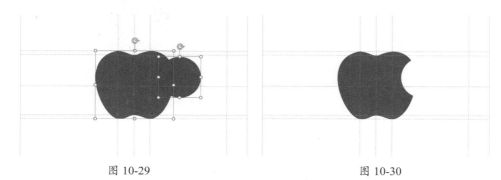

图 10-29   图 10-30

步骤 09 接下来，画苹果标志的上半部分。添加一个任意大小的正方形，进入顶点编辑状态并将左上角和右下角的顶点删除，如图 10-31 所示。

步骤 10 调节剩下两个顶点的控制句柄，使形状发生形变，如图 10-32 所示。

图 10-31   图 10-32

步骤 11 将刚做好的苹果标志上半部分与之前做好的标志主体放在一起，调整好大小、位置。选中两个形状，执行"结合"操作，如图 10-33 所示。

步骤 12 这样，一个用形状绘制的苹果公司标志就做好了，此时，我们可以继续进行更换填充色、轮廓色的操作，最终效果如图 10-34 所示。

在整个绘制过程中，最为关键的是控制句柄的调节。本例中添加顶点时，用到了参考线，调节控制句柄时同样可以结合参考线来使顶点的左、右或上、下两个句柄位移更准确。如想把两个句柄移动成相同、相对、垂直等特殊的位置关系时，结合参考线来调节就会方便很多。新手在学习顶点编辑时，可以在模仿中慢慢体会两控制句柄在不同位置关系下形状的变化，熟练之后，使用起来才更得心应手。

图 10-33 图 10-34

形状编辑完成后，右击"形状"，选择菜单中的"另存为图片"，可将"形状"导出为 JPG、PNG 等格式的图片，也可导出为 WMF、EMF 等格式的矢量图片，日常工作中简单的矢量图形设计需求，完全可以通过 PPT 来完成。

关键技能 100 使用 PPT 制作 H5 的技巧

作为一种适应新媒体时代信息展示需求的工具，H5 的应用十分广泛，在我们的日常工作中，邀请函、招聘书、电子杂志、调查问卷等都可以通过 H5 呈现，在计算机、手机、平板等设备中方便地分享、查看。制作 H5 的工具非常多，如凡科微传单、MAKA 等。PPT 也可以用来设计 H5，并且具有排版设计自由度高、页面动画设置方便、本地编辑比网页编辑器在线编辑操作更流畅等优势。下面以制作一份活动邀请函为例，具体介绍使用 PPT 制作 H5 的操作技巧。

步骤 01 新建 PPT 文档，单击"设计"选项卡的"幻灯片大小"选项的"自定义幻灯片大小"命令，打开"幻灯片大小"对话框；在对话框中，将幻灯片设为全屏显示（16:10）（不同手机屏幕尺寸不尽相同，这里以常规的手机屏幕比例为例），方向为纵向，如图 10-35 所示。设置完成后单击"确定"按钮。

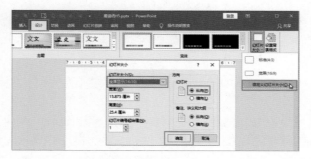

图 10-35

步骤 02 编辑好 H5 页面内容，如活动邀请函的封面、活动信息、活动流程、参会信息等，页面可以根据实际需要添加，一个幻灯片页面即一个H5页面（H5中的弹出式窗口页面，在PPT中可以通过单击链接的方式实现）；完成页面设计排版、动画设置，效果如图10-36所示。

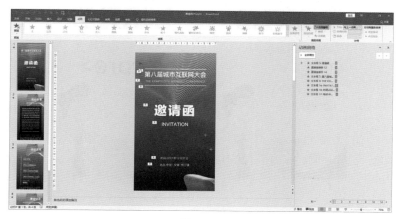

图 10-36

步骤 03 保存文件并关闭 PowerPoint，打开 PPT 在线转换为 H5 的网站"PP 匠"，完成注册、登录后，单击"开始上传"按钮，将制作好的邀请函 PPT 上传到网站中，如图 10-37 所示。

步骤 04 等待数分钟，PPT 便可成功转化为 H5，PPT 中的字体、页面版式设计、动画等都将被完整保留。在设置界面可对该 H5 进行进一步编辑，如 LOGO 设置、添加背景音乐等，如图 10-38 所示。

图 10-37

图 10-38

除了常规的信息展示类 H5，通过 PP 匠还可以用 PPT 设计有一定交互性的答题 H5。这类 H5 制作的关键点是在 PPT 中插入"变量"。PP 匠在转换过程中，将自动应用这些"变量"设置。具体方法是在幻灯片中，插入文本框并输入问题；继续插入文本框，输入答案选项，答案必须以 A、B、C、D 等英文字母开头，并在字母后紧跟一个句点；在正确选项的两端分别加上"<"">"（要将输入法切换至英文输入）；在答题总结页，插入 <score> 得分、<total> 总分、<count> 题目总数、<correct> 答对题目数、<incorrect> 答错题目数等变量，如图 10-39 所示。完成上述设置后，将 PPT 上传至 PP 匠转换，即完成了一个答题 H5 的设计。

图 10-39

　　需要说明的是，作为一款好用的 PPT 转 H5 工具，PP 匠中完整的功能，如自定义载入页 LOGO、永久发布权限等都需要开通会员才可以使用，读者可根据需要合理使用该工具。